NF文庫
ノンフィクション

新装解説版

決戦機 疾風 航空技術の戦い

知られざる最高傑作機メカ物語

碇 義朗

潮書房光人新社

本書では米軍に「日本最高の傑作戦闘機」と言わしめた日本陸軍の二千馬力戦闘機・疾風について語られます。

恵まれない環境下で高性能エンジンの開発に取り組んだ技術者、過酷な戦場で奮戦した搭乗員や整備員など、それぞれの苦労が綴られています。

数多くの経験と新たな設計思想によって誕生した日本の本格的重戦闘機とそれに携わった人々の姿を描いた物語です。

はじめに

昭和十七年春からはじまったキ84の基礎計画が一応かたまり、夏ころからいよいよ細部設計に入ったころ、私は小山技師長からキ84の機体主任を命ぜられ、翌十八年春の初飛行を経て終戦にいたるまで、キ84とともに歩み、そしてキ84とともに私の中島飛行機時代の幕を閉じた。

中島の傑出したハ45エンジンを装備したキ84は、中島の陸軍機設計陣が、過去に送り出したおおくの戦闘機の経験と、新しい設計構想のもとに小山技師長、西村技師を頂点として、大勢の若い設計陣と試作工作、工作研究、その他の各関係部門の総力をあげて、基礎設計から初飛行までわずか一年で仕上げた、調和のとれた陸軍最初の本格的重戦闘機であった。

私の機体主任としての仕事は、各設計部門間の調整をとりつつ、きめられた日程に合わせて試作部門に設計図を流してやることや、試作部門との調整、初飛行後の必要な改修、それから増加試作に入ってからの各種武装強化、装備強化のための設計のアレインジ、量産部門との調整など、言わばキ84の身のまわりの面倒を見ることであった。

現場に出てゆく細部設計図は、小山技師長がきびしく目をとおし、特徴あるサインをして下さったが、サインまで持ち込むのはなかなか大変だった。しかしこれは、私には非常にいい勉強になった。

当時、設計で活躍した製図手の中心は、われわれが昭和八年組と称する、二十六、七歳の優秀な、そして情熱に燃える若者たちであった。

量産に入って、戦局はとみに急をつげ、軍からは一機でもおおくの納入が要望されてきたころ、私は設計陣からチームをつくり、太田や宇都宮の飛行場に出て、整備や社内のテスト・パイロットの間をかけめぐり、一日に一機でもおおくの領収が出来るように迅速な処置をとることもした。福生(ふっさ)の審査部での審査、水戸での実戦にそなえる訓練にも参加し、そのような経験から私は、キ84の体の癖(くせ)や、どこがいたいのか、体のこまかい所までよくわかるような気持でいた。その間、キ84の試作命令いらい審査主任として活躍された名パイロット岩橋少佐（当時）はじめ、おおくの方がキ84とともに散華された。

やがて終戦の日を迎え、陸軍機設計部が持っていた一切の設計図面、設計資料を焼却するように会社からの指示が出た。

設計原図、資料は、当時、陸軍機設計部の疎開先である利根川沿いの前橋の工場に保管してあったが、その工場の庭で残留していた私と渋谷技師（のち富士重工常務）は、まる一週間かけて、すべての原図と資料を、夏の暑い日光にあぶられながら、そして前橋飛行場から工場に向かって離陸して来るどす黒い米戦闘機の影を気にしながら焼却しつくした。勿論、キ84の原図も過去のものとして消えていったが、そこには、やるべき事はやったという、複雑な感慨のみが残っていた。

戦後、キ84に関する各種の記事が雑誌や書籍に書かれていたことは知っていたし、また米国でハイ・オクタン燃料でのテストの結果、第二次大戦中、日本における最優秀戦闘機と評価されていることも聞いてはいたが、おおくの散華された方がたを思い、キ84のことはソッとしておいてやりたい気持が、私には強かった。当時、キ84にかかわりあってきた中島の設計その他の部門の人たちの間でも、キ84について話し合うことは、ほとんどなかった。

今回、碇義朗氏がキ84「疾風」を本にされるにあたり、とくに当時の設計陣の活動を織り込みたいと考えられ、そのため出来るだけ歩きまわって、当時の人たちの話を集めたいと、熱望されていたようだが、碇氏の熱意にキ84に関係した旧中島の関係者の重い口も、すこしは開かれたのではないかと思う。

キ84といえば、何といっても私には忘れられない人、それは岩橋少佐である。

太田飛行場での中島の吉沢操縦士による初飛行、その後の数度の試験飛行の後、審査部の岩橋少佐の手に審査は移っていった。寡黙にして細心剛胆な立派な軍人だった。

増加試作機で編成された第二十二戦隊が、昭和十九年八月、どこであったろうか、相模原あたりの飛行場で戦隊出動のため最後の仕上げがおこなわれていた。P51ムスタングが猛威をふるい出したころである。

私と中島設計部の近藤芳夫大尉(のち富士重工取締役)は、その兵舎で数日、戦隊の人びとと起居をともにし、整備のお手伝いをしていた。いよいよ明日が中国大陸への出陣という晩、私たちは岩橋少佐を戦隊長室に訪れ、雑談に時をすごした。岩橋少佐は、神棚の恩賜の酒を私たちにもわけて、労をねぎらって下さった。

翌日は、うす雲のひろがる八月の暑い日であった。整備万端ととのったキ84の第二十二戦隊は、増槽もつけて出発を待っていた。私たちは、出陣せまったころ戦隊長室に岩橋戦隊長を訪れ、武運長久を祈って挨拶をかわした。いよいよその時間はやってきた。岩橋少佐は、飛行服も凛々しく室を出て行かれた。私は後について室を出ようとして何気なく振り向いたとき、軍刀が置き忘れられているのを見付けた。私は急いで少佐の軍刀を持って飛行場に向かって歩きはじめていた少佐に、「岩橋少佐、軍刀を……」と声をかけた時、少佐はつと立ち止まり、「ああ、そうか……」と言って、ちょっとにこりとし、軍刀を手に戦隊長機に向かって行かれた。やがて第二十二戦隊のキ84は、いっせいに始動、つぎつぎと砂塵を上げて離陸、上空を旋回して編隊をととのえ、やがて南西の夏雲の彼方に飛び去ったのであった。

私には、この出陣が、外見的には何の気取りもない、まことに淡々としたものに見えた。

やがて間もなく岩橋戦隊の輝かしい活動の知らせの後に散華の悲報をきいたのである。私には、この出陣の日が岩橋少佐を見る最後の日となったのだが、その出陣の時の模様が、いまもなお鮮明に印象に残っている。

碇氏の「疾風」キ84の本は、足でキ84に関係した人びとの話をたしかめ、とくに当時、情熱に燃えた若い中島の技術者たちをはじめおおくの関係された方がたの活動にふれており、異色ある決定版とも言うべきであろう。

昭和五十年十二月

飯野　優

（富士テナント株式会社社長、元中島飛行機設計部キ84機体主任）

決戦機 疾風 航空技術の戦い——目次

はじめに　3

第一章　大戦前夜の迷い
メッサーシュミット社訪問　17
試作機計画の改善　24

第二章　軽戦から重戦へ
「隼」誕生までの苦悶　37
異色の重戦キ44　50
Ｍｅ109と一騎討ち　68

第三章　二千馬力戦闘機計画
キ44三型からキ84へ　77
いたちごっこの重量と翼面積　85
前代未聞、試作機百機　98
「隼」「鍾馗」の善戦　115
連合軍の反攻はじまる　120

第四章　奇蹟のエンジン「誉(ほまれ)」
遅れていたエンジン開発　125
十四気筒から十八気筒へ　128
「誉」の出現　143
苦難の空中実験　154
第五章　期待を担う大東亜決戦機
試作一号機の完成　169
好調だった試験飛行　176
外国依存のプロペラ技術　188
続出する故障　196

第六章　出陣の秋(とき)
優れた人材　207
性能向上の要求　216
別れの挨拶　225
謎の戦隊長自爆　231
第七章　全戦闘機、特攻出撃せよ
幻の大戦果　251
レイテ決戦の主役「疾風」　263
「疾風」の墓場フィリピン　274
窮余のかっぱらい作戦　289
沖縄の死闘　298

第八章　悲しきフィナーレ

本土上空のB29邀撃戦　307
敵機と編隊を組む　317
戦隊を支える整備員の健闘　324
資源不足で木製化　334
飛行機工場の花　341
二羽の折り鶴　349
「疾風」アラカルト　361
あとがき　369
文庫版のあとがき　373
解説　野原茂　377

決戦機　疾風　航空技術の戦い

——知られざる最高傑作機メカ物語

第一章　大戦前夜の迷い

メッサーシュミット社訪問

ドイツから戦闘機を買おう。

日本の陸海軍は、期せずして同じことを考えた。だが、その目的はそれぞれ違っていた。

海軍は、すでに突入していた支那事変（日中戦争）で戦闘機の用意が充分でないため、大陸における陸上基地を防衛する局地戦闘機を緊急に整備する必要からであった。そしてハインケルＨｅ112を購入した。名称はＡ７Ｈｅ１（Ａは艦上戦闘機の略号）で、のちの零戦となった十二試艦戦がＡ６としてまだ机上プランの段階であったところから、九六艦戦（Ａ５Ｍ）と零戦（Ａ６Ｍ）との間のつなぎとして母艦に積むことも考えたようだ。

しかし、これは操縦性や着陸の問題で海軍としては使いものにならないとされた。おまけに首席テスト・パイロットの海軍航空技術廠飛行実験部の柴田武雄少佐がテスト中、エンジンから火を発して緊急着陸するという事故もあって、不採用となってしまった。このハインケルが、メッサーシュミットＭｅ109との競争試作に敗れた機体でもあり、まだ格闘戦一点張りの軽戦闘機思想にこりかたまっていた海軍の戦闘機パイロットたちのことを考えれば、当然の結果ともいえよう。

陸軍も、格闘戦絶対の思想は海軍とかわらなかったが、長期展望にたつ計画部門では、戦闘機の将来計画として、昭和十一年ころからすでに、軽戦闘機の速度向上と、徹底して速度を優先する重戦闘機および双発戦闘機の計画を持っていた。

昭和十三年はじめに試作が内示された中島のキ44および十五年三月に試作指示された川崎のキ60は、陸軍の重戦闘機計画の最初のあらわれで、パイロットたちの反対ムードのなかで開発が進められた。

昭和十四年、ヨーロッパで戦争を開始したドイツ軍のめざましい進撃の主役が、空軍のメッサーシュミットＭｅ109であることを知った陸軍は、重戦設計の参考ならびにその用法研究のためにＭｅ109の購入を決め、信濃中佐を団長とする六人の調査団をドイツに送ることになった。

一行は信濃中佐のほか、落合技術少佐、安藤成雄技師（のち技術大佐、防衛庁技本嘱託）ら陸軍関係者と川崎の太田、北野、永留ら三技師で、十四年暮れに船で出発した。

今とちがって国際航空路線の発達していなかった当時は、ヨーロッパに行くにはシベリア鉄道経由か船に乗るしかなかった。海路を選んだ調査団は十五年元旦をシンガポールで迎え、スエズ運河をとおってイタリアのナポリに上陸、ドイツに着いたのは二月末というゆっくりしたものだった。

ドイツに入った一行は、まず灯火管制でまっ暗なのに驚いた。それに食糧がすべて切符制度で、金を持っていても、切符がないと食事ができないのにはよわった。

当時、ドイツはすでに完全な戦時下、あとで日本もそうなったが、まだ比較的のんびりしていた日本から行った一行には、すべてが初体験だったのだ。

調査団の目的地は、数あるメッサーシュミット量産工場の一つ、ミュンヘンにほど

メッサーシュミット工場でSS隊員を閲兵する調査団一行。
中央が岡本陸軍武官、右がナチ党制服姿のクロナイズ社長。

近いレーゲンスブルク工場で、ゴシック建築の教会で有名なしずかな小都市にあった。

一行は、工場ちかくのホテルから毎日、メッサーシュミットの工場に通った。ドイツの大量生産方式はかなり進歩したもので、今のコンピューターに相当する「ホルリス・マシン」を使い、生産を一括してコントロールしているのが目あたらしかった。

生活にも少しずつ慣れ、様子がわかりはじめたころ、一つの事件が持ちあがった。

ことの発端は陸軍技師の安藤がメッサーシュミット社に対し、Me109および110両戦闘機などの検討をするため、同社の飛行機の基礎計画資料がほしいと要求したのに対し、そういうものはない、という先方の返事からだった。

安藤は、陸軍航空技術研究所では計画部門の仕事をやっていたので、試作機の要求性能や会社から出される計画を検討するための各種の資料を、使いやすいように何枚もの図表につくり上げていた。今度の出張に際してもそれらの資料を持って来ていたが、ドイツだって当然そういうものはあるはずだろうと思い、さしつかえない範囲で出してほしいと要求したのである。

　設計者であり経営者でもあるメッサーシュミット博士は、レーゲンスブルクからはなれたアウグスブルクの本社にいたが、安藤にとどけられた手紙には、ちゃんと博士のサインがしてあった。じきじきの手紙とは有難かったが、内容が腑におちなかった。そこで担当のドイツ人にいった。

「メッサーシュミット社ともあろうものが、基礎計画資料がないとは考えられない。メッサーシュミット博士がそんなことをいうはずがないと思うが？」

　これを聞いたメッサーシュミット博士は、安藤が自分のサインを疑ったといって怒った。ナチ党幹部にも近く、今をときめくドイツ航空界の大御所を怒らせてしまったのだからさわぎになった。大使館の連中が口々に安藤にいった。

「安藤君。君の怒るのはよくわかるが、何しろ相手は大物だから……」

「そんなことを取り消さなかったら、日独の外交上、たいへんな問題になる。すぐにあやまってもらいたい」

　強硬な安藤の態度に、さすがに岡本武官は落ち着いていたが、ほかの連中はまっ青

レーゲンスブルク工場でMe109戦闘機の生産状況を視察中の岡本大佐（前左より3人目）と案内役（右）のクロナイズ社長。

になった。しかし、正当な要求をしたまでと信じていた安藤は、「絶対にあやまらない」と頑張った。

そこで武官室で取りなすことになり、「決してメッサーシュミット博士のサインを信用しなかったわけではない。日本とドイツの習慣のちがいから起こった誤解である。あなたのところのようなりっぱな会社に、そんな資料がないはずがないと思うので、あらためて資料の提出を要求する」という旨の文章をうまく書いて送った。

これでメッサーシュミット博士の誤解もとけ、安藤の想像したとおり、すばらしい資料をよこしたが、一時はどうなるかと思われた一幕であった。

調査団はレーゲンスブルクには約半年滞在し、Ｍｅ109の購入を決めた。一行は、この間にドイツ各地を見て、そのあとスイス、イタリアなどをまわって、約一年後の昭和十五年十二月末、日本に帰って来た。この間、五月にはドイツ軍がフランス、オランダ、ベルギーに対するいわゆる電撃戦を開始し、六月五日にはイタリアが参戦するなど、戦争がますますエスカレートし、日本はこれらの国とまだ戦争状態にはなかったが、九月二十七日の日独伊三国同盟の締結は、機体の日本への輸送を困難なものとした。

Ｍｅ109の資料は調査団の一行が持ち帰ったが、機体の方は戦争が始まって一機でも多く必要となったため、十二機契約したのが六機しかイタリアに送られなかった。しかも、実際に船積みされて日本に到着したのはわずかに二機、あとはイタリアの港でストップしてしまった。

ドイツからの武器輸送とあって、海路はかなり危険だったらしいが、昭和十六年四月になって、パイロットや整備員ら三人とともに、機体は無事に到着した。中島の重戦キ44一型はすでに前年完成して、審査段階で難行中であり、Ｍｅ109とおなじダイムラー・ベンツＤＢ601エンジンを装備した川崎のキ60は、試作一号機が完成したばかりという時期だった。

そしてキ84は、まだ試作内示前の二千馬力エンジンつき戦闘機として中島と陸軍の双方で研究段階にあり、実体はまだ何も存在しなかった。

試作機計画の改善

新しい飛行機、とくに軍用機の試作計画は、よほどしっかりした将来展望と、それに見合うだけの資料がともなわないと、とんでもないことになってしまう。試作の見通しの失敗は、そのまま軍備ならびに軍の戦力の重大なつまずきとなり、取り返しがつかない。だから、その計画段階から飛行機会社に対する試作指示、でき上がった試作機の審査については、組織的な運用をおこなう必要がある。

外国もそうだったが、わが国でも、こうした作業を、どこで、誰が、どんなふうにやるかについては、試行錯誤がくり返され、組織そのものもいろいろかわっている。

日本陸軍の航空技術が、外国機の模倣から脱して自立への道を歩みはじめた昭和五年から十年にかけて、つまり九一式戦闘機ができて審査中のころから九五式戦闘機の時代にかけては、いわば陸軍航空の新機種開発システムとルーチン（手順）を確立する基礎がための時期であったといえよう。

このころは、試作機関係は航空本部技術部の担当で、民間の飛行機会社に対する試作指示はすべてここから出され、でき上がった飛行機の基本的な審査までをおこなうことになっていた。つまり飛行実験までをやって、審査がすむと、機種によって明野、下志津、浜松などの飛行学校に送られ、実用試験がおこなわれた。

昭和十年から十一年にかけての時期は、わが陸軍の試作機計画にとって、一つのエポックを画すべき飛躍のときであった。

すなわち、のちに九七式とよばれた一連の戦闘機、重爆撃機および軽爆撃機、偵察機などの近代的な試作機があいついで出現したばかりでなく、以後の試作計画も質、量ともに充実が予想され、これまでの組織ではとうてい手がまわらなくなった。

昭和十年八月、組織の改正がおこなわれ、航空本部の技術部は、陸軍航空技術研究所となって組織も拡大され、これまでの試作機関係の業務をそのままひきついだ。ただし、試作関係の契約その他の実権が航本から技研に移されたのは、昭和十四年になってからである。

昭和十一年（一九三六年）は、世界の航空界にとって新鋭機続出の年だった。アメリカのボーイングB17重爆撃機、イギリスのスーパーマリン・スピットファイアにホーカー・ハリケーンの両戦闘機、ドイツのメッサーシュミットMe109戦闘機など、いずれも第二次世界大戦の航空戦に主役を演じた飛行機の試作機が審査中、もしくは初飛行というにぎやかさだった。

日本海軍にあっても、九六式艦上戦闘機と九六式陸上攻撃機が制式となり、近代化へのかがやかしい脱皮をとげた年でもあった。そのころはまだ中国大陸における戦乱も起こっておらず、比較的平穏な時期だったので、会社も技術者も落ち着いて仕事ができた。そのことが、良い成果をもたらしたのであろう。

このころ、陸軍航空技術研究所の駒村利三大佐のもとでは、短期計画が立案されていた。参謀本部から兵器研究方針の案がしめされ、安藤成雄技師を主任とする斎藤一之技師（のち技術少佐、日本建設嘱託）、木村昇技師（のち技術少佐、理科大、国学院短大講師）らのスタッフが基礎計画をおこない、答申資料の作成にあたった。一方、駒村大佐が参謀本部の意向を考慮に入れながら試作指示の立案をやり、会社に指示を出していた。

審査は各所員に機種ごとの担任が決められ、偵察機は安藤、戦闘機は木村、爆撃機は斎藤がそれぞれ担当してやっていた。もちろん、技師たちは操縦はできないから、飛行班の藤田雄三（のち戦死、中佐）、原敬三郎（のち戦死、中佐）、横山八男（のち戦死、大佐）といった将校たちのほか、下士官のそうそうたるパイロットたちと組んで審査をやっていた。

技術者とパイロットの組み合わせによる審査は、この時点では、かなりの成果を上げたといっていいだろう。しかし、軍人であるパイロットたちはともかく、技師あるいは技手たち技術者側には、現状の試作指示から審査にいたる過程について、はたしてこのままでいいのか、と疑問をいだく者もあった。

第2次大戦中のドイツ空軍の主力メッサーシュミットMe109E型戦闘機。日本陸軍は重戦開発のため、本機を購入した。

たとえば、試作指示を出すにあたって、要求性能をどう決めるかの問題があった。適当にこういうものが欲しいとか、この位でなくてはいかん、といった感覚的なものであってはならない。さらに、この要求に対して会社側から案が出たとき、それが妥当であるかどうか、本当に軍の要求を満たせるものかどうかを検討するだけの資料やデータがなければ、正確な審査などできるわけはない。

そのための資料を、急いでつくる必要がある。そこで安藤技師を中心に、地味ではあるが、きわめて骨の折れる基礎計画資料づくりが、技研の中で開始された。

さいわい、陸軍には、各社から提出されたこれまでの機体およびエンジンの資料が、ほとんど揃っていた。これに海軍機、さらに外国機のデータなども加えると膨大(ぼうだい)な量の資料である。これらの一次情報を、一定の方針のもとに整理し、二次情報に加工して使いやすい資料にする。現代風にいえば情報整理である。翼面荷重と馬力荷重を基準にしたものをはじめ、何枚ものグラフにまとめ、これを見れば重量推定、性能推定から基礎諸元まで、すべてが決められるようにした。

これについて安藤技師は、こう語っている。

「なんでもかんでもつくって、パイロットを乗せてみた上で、これは駄目だというのでは、貴重な国費の無駄づかいであり、国民にも申しわけない。できるだけ費用を節約するためには、はじめに計画をしっかりたて、飛ばなくても大体の検討がつくようにしたい。

過去、現在のいろいろな飛行機を機種別にプロットしてみると、うまい具合に一線上にのる。それが日本と外国のとでは、はっきり違うこともわかった。たとえば、日本のキ43『隼』とドイツのメッサーシュミットMe109とでは、翼面荷重がオプティマム(最適の)値をはさんで対照的なところにある。つまり翼面荷重でみるとメッサーはやや大きめ、キ43は対照的に小さい翼面荷重であることが、はっきり示されていた。

訪独中、レーゲンスブルク工場で会談中の安藤成雄技師。戦前、将来を見越した陸軍の試作機計画を短期に確立させた。

こうしたことから、将来の飛行機は、これらの線の延長上のどの点にすべきか、外国機を追いこすためには、どの点で設計しなければならないかを、ひと目でわかるような図表をつくった。こうすると、機体ばかりでなく、どの時期にどんなエンジンがなければいけないかということもわかる。

これによって長期計画はたしかな裏付けのあるものとなり、会社に対しても妥当な要求が出せるし、会社から出てくる資料に対してもものがいえるようになった」

膨大な資料にもとづく基礎計画資料づくりは、コンピューターや手のひらにのるような小型の電卓などのなかった当時としては、大変な作業だったらしい。

安藤らが計算式をつくったあとは人海戦術で、大勢の女学校出の計算係が朝から晩までガラガラ、チンと手まわしのタイガー計算機で数値をひとつひとつ出してゆく。

昭和十五年ころになると、大学出の技術将校が技研に多数配属になり、安藤の下にも赤沢忠彦（のち飛行試験中に殉職）、小池節郎（同上）、野田親則（のち日本航空常務）、近藤芳夫（のち富士重工取締役、群馬製作所長）といった優秀な若手がやってきた。こうして作業は、一段とピッチがあがるとともに、基礎設計までやるという高度なものとなった。

このような作業の中には、のちにキ84「疾風」となった二千馬力エンジン装備の次期戦闘機も、試作計画の一端に加えられていた。

たまたま安藤技師からこの戦闘機の基礎設計を命じられたのが、中島の技師で技術将校になった近藤芳夫中尉で、性能の推算をやってみたところ、速度、上昇力ともすばらしい数字が出た。

「安藤さん、これはすごい戦闘機になりますね」

レポートを出すとき、近藤中尉はそういって胸がおどるのを禁じ得なかったが、一年後に自分がこの戦闘機の実際の設計にかかわるようになろうとは、思いもよらないことだった。昭和十六年はじめのころであり、当時、安藤技師、木村技師らの下でキ43およびキ44の審査の手伝いもやっていた近藤中尉は、明野に飛行機を持って行くたびにケナされてくさっていたときだった。

明野では、まだ九七式戦闘機によるドッグ・ファイティング戦法にこりかたまった教官連中が大勢いて、格闘戦では九七戦に勝てないキ43、キ44に対し、「こんなものは使いものにならん」と酷評して、取り上げようという気配はさらさらなかった。

岩橋譲三大尉（陸士四十五期）もその一人だったが、三年後には、その岩橋が重戦キ84の飛行審査主任になったのだから、いかに当時の戦闘機の性能の進歩と変化が著しいものであったかがわかる。

大正８年１月、樺太飛行中の今川一策大尉（左）。昭和10年、今川少佐は技術調査のため訪欧、のち飛行実験部長となる。

さて、陸軍内部での試作機計画や審査などについては徐々に改善されていったが、昭和十二年七月に支那事変が起こり、その後、軍事行動が拡大の一途をたどるにつれて、わが国をめぐる国際情勢はきびしくなり、戦備としての具体的な国内航空工業の発達がにわかに要望されるようになった。このためには、まず試作研究機関の充実こそ、すべての基本である、と考えた技研では、十四年六月から立川飛行機を皮切りに、現状視察、会社側の軍に対する要望、今後のやり方などについての意見交換をおこなうことになった。

視察は、とおりいっぺんの形式的なものではなく、各視察ごとに工場の重役陣や主だった技術者たちを集め、率直な意見を聞くようにした。

会社側からの軍に対する希望は、形をかえた陸軍批判にほかならないが、軍がいばっていた当時のことを思うと、かなり異例の出来事といってよいだろう。この工場視察は軍自体の技術行政に大きなプラスになったばかりでなく、会社行政に対して、いくぶんなりとも活を入れる効果もあったようだ。

会社側の要望の主なものを挙げてみよう。

一、官（軍）と民（会社、研究所）との風洞の研究分野を明確にされたい（風洞は官における唯一の実験資料のでるところだったが、軍だから出せるといった独自の資料はなく、民間のそれとダブっていた）。

二、機体の無節制な改修は止めてもらいたい。流れ作業を混乱させるおそれがある。

三、官内部における各装備関係部門の連絡を、うまくやってほしい。

四、技研の出入りをもっと軽易にし、技研の人と話をする場合、気がねしないで話のできる技術的な人をふやしてもらいたい。

五、飛行審査期間を拡大してほしい。飛行機のよしあしを、個人的意見によって決定するのは不合理である。審査結果をひとまとめにして、詳細に各飛行機会社に報告されたい。

試作機の実験機関として独立し、審査を行なった飛行実験部（昭和18年当時）。前列右3人目が実験隊長の今川一策大佐。

六、立川における審査中、飛行学校あたりの人にも乗せてやってもらいたい。そして、審査の最後に学校へ持って行ったときにけちをつけられないように、あらかじめ意見を知っておきたい。

七、エンジンは陸海軍同じものをつけてもらいたい。統一できないものか（同じ「栄」でも零戦用と隼用とでは細部がちがっていた）。

八、強度規定は、不合理と思われる点を、陸軍関係だけでもいいから、集まって相談するようにしてもらいたい。

九、試作の指示は目的、とくに任務をはっきりしてもらいたい。その飛行機が何に使われるのかはっきりしないようでは、かゆいところに手のとどくような設計はできない。
十、試作機の検査は、明確な規定がないため、個人の考えが入って困ることがあるから、技研でやってもらえないか（これは軍の検査班がわからぬことをいって、試作の邪魔になったことがあるためであろう）。
これを見ると、陸海軍の間はもちろん、同じ陸軍部内でも連絡や意志の不統一がおおく、会社側が困らされた様子がうかがわれる。とくに試作機の場合はそれがひどく、審査段階で、その度に各部門の担当者たちから出される個人的意見のために進行が阻害され、日程が無意味に延びることがおおかったのである。

試作機の計画や審査について技術部門の体制がためが進められた一方では、前述のような欠陥を是正すべく、飛行実験および審査を担当する体制にも、ひそかな変化がおとずれようとしていた。

昭和十年末、陸軍は大がかりな海外航空技術調査団を派遣したが、技研で飛行実験を担当する飛行課の班長今川一策少佐（のち少将）も、実績をかわれてその一員として参加した。

訪問国はドイツ、ポーランド、イギリス、フランス、イタリア、アメリカなどで、八ヵ月におよぶ海外視察の間に、各国の空軍、飛行学校、飛行機工場などを見てまわった。今川がとくに関心を持ったのは、なんといっても彼が担当していた飛行実験関係の組織や運用だった。

外国では、試作機の実用試験のための特殊部隊があり、制式化までのいっさいの権限と責任をもっていることを知った今川は、帰国後、日本でもこの方式を採用して実験機関を独立すべきであることを力説した報告書を、航空本部に提出した。

今川報告がみのったせいかどうかわからないが、昭和十四年末、陸軍航空技術研究所の組織が拡大されたとき、飛行実験関係が分離され、飛行実験部となって航空本部に属することになった。

これまでの陸軍の航空兵器行政の区分は、航本が作戦関係および器材関係の基本を管掌(かんしょう)し、陸軍省、参謀本部はこれを監督、指令する立場にあった。各飛行学校（明野——戦闘機、浜松——爆撃機、下志津——偵察機）は航本の作戦関係部門に隷属し、航空技術および審査関係は技研、補給および検査関係は航空本廠で、いずれも航空本部の隷下部隊という組織だった。そこへ、組織改正によって航空本廠がなくなり、審査の専門機関として飛行実験部、製作機関として航空工廠があらたに航本の管轄下に加わった。

これらの組織改正によって、試作機の契約関係はこれまで航空本廠でおこなっていたものが技研に移り、試作に関する実権はまったく技研がにぎることになった。以後、昭和十七年十月の航本および技研の大編成がえまでは、この組織で運営されることになった（飛行実験部の新設について、詳細は姉妹著、『戦闘機「隼」』を参照されたい）。

第二章　軽戦から重戦へ

「隼」誕生までの苦悶

軽戦闘機と重戦闘機、略して軽戦、重戦ということばがある。さらにわが陸軍では、中戦ということばまであったようだ。これらの区別は、前出の木村技師のことばを借りると、

「翼面荷重で区別しようとする人たちは、百三十（キログラム／平方メートル）ぐらいをめどとしているようだが、これは常識論であって、技術的に根拠のあるものでもない。水平面の旋回戦闘を前提にして論ずれば、翼面荷重が少ないほどいいにちがい

ない。だが、垂直面内の格闘戦を考えれば、翼面荷重が高くとも馬力荷重（エンジン一馬力あたりの機体重量）が小さければものになる、というわけで、重、軽の区別はどうも怪しい」ということになる。

したがって、重戦、軽戦とは、当時の日本陸軍の戦闘機関係者の間での慣用語と考えてよいのではないか。

日本陸軍では、昭和二年の九一式戦闘機いらいひきつづいて対戦闘機用の軽戦が計画された。そして昭和十二年末に制式となった九七式戦闘機は、十年以上にわたるわが軽戦の歴史の総決算ともいうべき傑作機だった。同時にそれは、中島に入社いらい、戦闘機ひとすじに打ち込んできた小山悌（やすし）技師が直接手をくだした最後の機体でもあった。

というのは、ノモンハン事件の勃発直後の昭和十四年六月、小山は技師長となり、陸軍機全般を見なければならなくなったからだ。中島飛行機は成長につぐ成長をつづけ、組織が大きくなるとともに若手の優秀な技術者もどんどん入って来て、必然的に彼らにまかせざるを得なくなったこともある。

甲式四型にはじまり、九一戦、ＰＡ実験機、キ11、ＰＥ実験機と重ねてきた小山の戦闘機設計の経験のすべてが、キ27「九七戦」に結集され、これに舵の利（き）きについては世界一うるさい陸軍戦闘機パイロットたちの要求が加わったのだから、軽戦の極致ともいうべき機体ができあがったのは、きわめて当然の成り行きだ。

翼面荷重（大きいとスピードは速いが着陸速度も速くなり、長い滑走路も必要となる）九十・六キログラム／平方メートル、馬力荷重（小さいほどスピードも速く、上昇力がすぐれている）二・三〇キログラム／馬力という数字は、これ以上はどういじりようもないというすぐれたバランスを示し、空力設計の良さと相まって抜群の格闘性をしめした。

陸軍パイロットの軽戦偏重の根幹をなした九七式戦闘機。卓越した運動性を誇り、世界的にも最高の軽戦闘機であった。

しかも、直径の大きな車輪をつけた頑丈な機体は多少の不整地でも着陸可能で、ノモンハンでは不時着した僚機のそばに緊急着陸し、迫りくる敵戦車群の中で負傷した戦友二名を後部胴体内に収容して無事離陸するという離れ業も可能だった。

だから、こんな頼りがいのあるいい戦闘機に、パイロットたちが強い愛着を持ったのは当然で、

そんな状況の中で設計がすすめられていたキ43は、意外にも難行していた。

最高速度五百六十キロ／時以上、上昇力は五千メートルまで五分以内、戦闘行動半径四百ないし六百キロという要求は、九七戦の後継機としては当然の数字であり、エンジンの出力向上や設計技術の進歩を考えればそう困難ではなかったが、運動性は九七戦と同程度とするという一項が障害となったのだ。

最高速度を向上させるためには、必然的により大出力（したがって重くなる）のエンジンを使うことになる。しかも戦闘行動半径の要求は九七戦のほぼ二倍となり、エンジン出力の向上にともなう燃料消費量の増加を考えると、燃料の目方だけでも倍以上にふえる。重量がふえれば、翼面荷重を九七戦と同程度に抑えようとすると主翼面積をふやさなければならない。このためにさらに重量がふえ、馬力荷重が大きくなって、速度、上昇力ともに低下する。より大型になった機体はどうしても旋回性がわるくなり、要求をみたすことはできない。

要するに、格闘戦で九七戦に勝てるようにするためには、機体重量がふえる要因はいっさいすて、極力軽くして翼面荷重も馬力荷重もより小さいものとする以外にない。こんなことは実機をつくるまでもなく、机上の基礎設計の段階でわかることだったが、九七戦を絶対信奉する用兵者側を納得させることは、この時期にはできない相談だったのである。

キ43試作命令が、中島一社を指名して陸軍から出されたのは、昭和十二年十二月だった。キ27が九七式戦闘機として制式採用になったのとほぼ同時期で、海軍が三菱、中島の両社に十二試艦戦（のちの零戦）の要求書案を提出したときから七ヵ月あとだった。

列線を布く九七戦闘機。ノモンハンの戦闘でその優秀さを発揮した九七戦は、次期戦闘機キ43の評価をより低下させた。

　このとき小山は、三十代の半ばをようやく過ぎたばかりの心技ともに充実した働きざかりで、若手の太田稔、青木邦弘、糸川英夫技師らをスタッフとして基礎設計を開始した。

　計算によれば、胴体は九七戦にくらべて一メートル以上も長く、主翼面積も増大し、重量は五十パーセント以上重くなり、格闘戦で九七戦に太刀打ちできないことは明らかだった。

　速度と格闘性という相容れない二つの要求を同時に追うという矛盾をはらみながらも、手なれた中島の設計陣は、試作命令を受けてからわずか一年たらずで第一号機を完成させた。
エンジンは離昇出力一千馬力のハ25「栄」一〇型だったが、テスト飛行の結果はどうもパッとしない。期待された最高速度は九七戦とあまり変わらず、大型だけに運動性はにぶく、前途多難を思わせた。ひきつづき十四年三月ごろまでに五号機までつくられたが、結果はどれも変わらず、その原因は引込脚にあるのではないか、という意見がでた。

引込脚の採用による空気抵抗の減少と、重量増加による性能低下とのかね合いは、九七戦のころから論議の的であったが、ここではからずもぶり返した感があった。そこへ、キ43にとっては降ってわいたような災難ともいえるノモンハン事件の勃発で、九七戦の大活躍が報ぜられた。クルクルとよくまわる九七戦が、E15、E16などのソ連戦闘機を圧倒したのだ。

この年の五月十一日にはじまったノモンハンの紛争は、四ヵ月後の九月十五日に停戦となったが、地上部隊が甚大な損害を受けたのに反し、空中ではソ連軍に対し約千三百機の損害をあたえ、わが損害はわずかに百七十一機だったという。ソ連側の発表ではもちろん、この逆になっているが、もしソ連側の発表が本当だったとしたら、日本陸軍の戦闘機パイロットたちがこれほど九七戦に執着を持つことはなかったし、キ

43の審査もちがった過程をたどったのではあるまいか。

前述のようにこの年の暮れに審査専門の飛行実験部ができるまでは、試作機の採否の実権は各飛行学校、戦闘機では明野飛行学校がにぎっていた。その明野には、ノモンハンで九七戦の優秀さを身をもって体験した人たちが教官をやっていたから、持ち込まれたキ43に対する評価はさんざんだった。もはや、キ43の目標とするところは諸外国の新鋭機ではなく、彼らが過去につくった九七戦であるという奇妙な結果となり、技術側ではこのジレンマに陥って苦しんだ。

そこで打開策として二つの案が出された。

第一案、脚を九七戦のようなカバーつきの固定式とし、翼幅を縮めて横方向の操縦性を良くし、極力重量軽減をはかって格闘性能を向上させる。

第二案、脚は引込式のままとし、速度性能を向上させる。

この二案にもとづき、六、七号機および八、九号機がそれぞれ改造されたが、結果は、第一案機は旋回性はいいが、最高速度がわずか四百四十三キロで九七戦より後退、第二案機は約五百キロを出したが、旋回性がわるく、結局はどちらも総合して九七戦におよばずという判定となった。

これより先、中島の設計部空力班の糸川英夫技師（のち組織工学研究所長）は、将来の戦闘機の高速化と格闘性を両立させる方法として、空戦時にフラップをつかうことを研究していた。彼は九七戦の前身であるPE実験機にこの装置を取り付け、社内のテストでかなりの成算を得た。そこで、気乗りうすな陸軍のパイロットに頼みこんでテストをしたところ、なんと九七戦の半分に近い小さな旋回半径でまわることができた。

「蝶型フラップ」とよばれたこの空戦フラップは、本来、高速機用として考えられたもので、キ43にややおくれて設計が進行していた六百キロ級の高速戦闘機キ44には、最初から採用が予定されていた。

第一と第二の両案をくらべたとき、第一案はまったく問題にならないので、速度にまさる第二案機のファウラー・フラップを、空戦フラップとしてつかえるよう小改造を加え、明野に持ち込んだ。テストの結果は旋回性が改善され、かなり急激に操縦桿を引っぱっても失速せずに九七戦についてまわれることがわかった。

しかし、明野の教官たちは、あまりにも九七戦になじみすぎていた。より大型で重量もあるキ43は、同じ旋回半径でまわれても舵はおのずから重くなる。これが九一戦いらい、軽い鋭敏な舵が身についてしまった戦闘機パイロットたちの根づよい拒否反応となり、キ43は落第、別の次期戦闘機ができるまでは九七戦で間に合わせよう、という意見が大勢を決した。

かさねがさねの不運に泣いたキ43とその設計者たちであったが、やがて彼らの努力が報われるべきひそかな転機がおとずれた。

海外出張から帰って、飛行実験関係を独立させようというレポートを提出した今川一策少佐は、その後、第一線の部隊長（中佐となる）として転出したが、飛行実験部の開設にともなって呼びもどされ、昭和十五年五月に福生（現在の横田基地）に着任した。

その今川が、飛行実験部に着任して最初に手がけることになったのがキ43だった。航本では実験部の陣容がまだ充分に整備されていないので、とりあえず、不採用と決まっていたキ43を研究してみろといった程度の意味だったらしい。

今川は、九七戦を最初に装備した飛行第五十九戦隊の戦隊長をやり、ノモンハン事件の終わりころには部隊が現地に進出したので、九七戦の強さをよく知っていた。

しかし、海外も見ているだけに、今川は明野の教官たちとは違った考えを持ち、九七戦に強い執着を抱くことはなかった。それに、九七戦より欲ばった性能を要求しておきながら、九七戦と同じ尺度でキ43を評価しようとしている矛盾に気づく冷静さをも持ち合わせていた。

キ43で九七戦に勝つ戦闘法を考えること、キ43の持っている性能を最大限に引き出して、その優秀性を示すことが、明野の名人たちを納得させ、このキ43を生き返らせる最善の方法であると考えた今川は、自分の目がねにかなって集めた実験部員たちに課題をあたえた。

一つは、落下タンクをつけて最大限何時間飛べるかの実験で石川正少佐の担当、もう一つは九七戦に勝つ戦法の研究で、山本五郎少佐の担当となった。この二人は、今川の期待にこたえてよく頑張った。

石川少佐は、エンジンのスロットル開度をかえ、ブースト圧をかえ、最適燃料消費条件を見つけるため奮闘した。窮屈な操縦席内で、固いシートに尻が痛くなるのと生理現象の処理に苦労しながら、連日飛びつづけ、七時間、八時間と少しずつ記録をのばし、ついに十時間をこえることに成功した。これは巡航速度で換算すると、優に一千キロ以上を往復できる勘定となる、単座戦闘機としての大記録であった。

ただひたすら空に浮かんで飛びつづける石川に対し、山本少佐のほうは、猛烈なG（加速度の単位）のかかる空戦実験に明け暮れた。陸軍における戦闘訓練はルールが決まっており、上位、同位、劣位からの旋回戦闘が主体で、それも水平面、つまり横にグルグルまわる戦闘だった。こうした約束ごとの戦闘をやる限り、馬力荷重が同じで翼面荷重の大きいキ43が勝てるはずがない。だが、山本にあたえられた課題は、どんな方法にせよ、勝つ手段の発見だから、ルールにとらわれる必要はなかった。

さいわいキ43には、キ27を上まわるスピードがあった。このスピードのもつエネルギーを利用すれば九七戦を引き離すことができ、宙返り、斜め宙返りなど縦の面の戦闘に引き込めば、格闘戦でもキ43に有利に展開することを発見した。

これらの実験がだいぶ進んだころ、今川は参謀本部から至急の呼び出しを受けた。夏の暑いさかりの八月、三宅坂の参謀本部に出頭した今川を待ちうけていたものは、「一千キロを往復できる戦闘機を、昭和十六年四月までに二個中隊四十機そろえる方法を研究せよ」という、あきらかに南方作戦を意図したと思われる命令だった。

日をおいて今川は、キ43を第一候補とする三案を提出するかたわら、参謀本部、航空本部、明野飛行学校の代表を福生に呼んで、キ43のデモンストレーションをやった。朝、長時間飛行のため石川大尉を飛び立たせる一方では、山本少佐が発見した戦法で明野から来た教官の操縦する九七戦との模擬空戦をやらせ、キ43の優秀性を目のあたり見せつけた。

これが決め手となり、キ43の緊急装備が決まり、決定会議のあとすぐに、中島飛行機の幹部に対し緊急呼び出しがかけられた。深夜駆けつけた中島の人たちに対し、

はじめて新聞に発表された「隼」(一型甲)。のちに、開戦とともに活躍し、海軍の零戦と並び称された。

「翌年四月までにキ43を四十機整備せよ」という指示が伝えられ、すでに採用の望みなしとして撤去されていたキ43の生産治具を、ふたたび工場に据えつける始末となった。

翌十六年四月、最初の量産機が土井直人少佐の飛行第五十九戦隊に、続いて加藤建夫少佐の率いる飛行第六十四戦隊に引き渡されるにおよび、一式戦闘機「隼」と命名されて制式採用が決まり、昭和十三年十二月に試作一号機が飛んでから、実に二年半にわたる長い試作機時代に終止符が打たれた。

第二陣の六十四戦隊は、立川で九七戦から隼に機種改変をしながら慣熟と訓練をつづけ、十一月末に南支の広東基地に帰ったが、このとき加藤戦隊長は、二十機あまりの隼編隊で福生飛行場から広東まで三千キロ近い長距離を一気に飛び、隼の性能をためすと同時に、部下たちにこの飛行機に対する自信をあたえた。

こうして二個戦隊が隼に編成替えをおこなったが、開戦直前の十二月はじめ、新鋭戦闘機隼は、両戦隊あわせてわずか四十機あまり、あとは旧式な九七戦の大群で大戦争に突入しなければならないという心細いありさまだった。九七戦に執着しすぎて隼への切りかえをおくれさせた誤りが、このときになって悔やまれたが、失った時間を取りもどすことはできなかった。

数少ない貴重な隼戦隊は、緒戦における陸軍の主作戦である山下兵団のマレー作戦につかわれた。この作戦で飛行第六十四、五十九の両戦隊を統一指揮した加藤少佐のきわ立った戦闘ぶりは、敵味方に「隼」強し、の強烈な印象をあたえた。

しかし、このときつかわれた隼は、九百五十馬力の「ハ25」を装備し、二枚羽根の金属製定速プロペラをつけ、武装は七・七ミリ機銃二梃という九七戦とあまり変わらないもので、最高速度も五百キロたらずというものだった。取り柄は九七戦ゆずりの身軽な運動性で、連合軍側のカーチスP40、ホーカー・ハリケーン、ブリュースター・バッファローなどが格闘戦を挑んでは、隼の術中に陥って仕止められた。

「ハ25」の出力を向上させた「ハ115」（海軍の零戦につんだ「栄」二〇型と基本的には同じ）を積み、プロペラも三枚羽根のハミルトン・スタンダード定速可変ピッチとし、機銃も十二・七ミリ二梃に強化され、最高速度も五百三十キロ／時に向上してすっかり近代化された隼二型が第一線に出現したのは昭和十八年はじめころで、〝賢兄〟九七戦を追いこすのに費やされた、永すぎた春の報いを、まざまざと示していた。

異色の重戦キ44

キ43の基礎研究がはじまった昭和十三年はじめから、陸軍では、兵器研究方針にしたがって単座戦闘機（キ43およびキ44）、複座戦闘機（キ45）、司令部偵察機（キ46）、軽爆撃機（キ48）、重爆撃機（キ49）の試作を、中島、川崎、三菱の三社に対し、いずれも一社指名で内示した。これは競争試作による試作機種の増加を防ぐ配慮からで、それぞれの会社の得意とする機種が割り当てられた。

このとき狙いはよく、いずれものちに制式採用となって太平洋戦争に活躍したが、このことは軍用機が計画されてから実戦で役立つようになるには、すくなくとも三年から五年くらいの期間が必要なことを示していて興味ぶかい。同時に、計画側としては数年先までの長期的な展望を持ち、かつこれが誤りのないものであることを要する重大な責任を負うことになる。

戦闘機の機種選定についても、格闘戦万能をとなえる明野飛行学校の空気をよそに、アメリカやヨーロッパでの重戦闘機の発達に刺激された計画部門では、単座の高速戦闘機と複座戦闘機を計画し、技術者たちはひと足先に格闘性から速度優先へと思想を転換させていた。

川崎に対しては、双発で操縦性（格闘性）もかなりある複座戦闘機キ45の試作が命じられ、中島は操縦性はこれまでどおり確保しながら速度を向上した軽単座戦闘機と、速度優先の翼面荷重の大きい重単座戦闘機の二機種が割り当てられていた。このうち、中島の軽戦はキ43としてすでに十二年末に試作が発注され、設計がはじまっていたが、重戦についての具体的な設計は着手されていなかった。

しかし、当時の中島戦闘機設計陣は、わが国でもっとも充実していたし、基礎研究をやる第一設計課では、軽戦から重戦、単座から複座、多座戦闘機など各種の研究をやって、それぞれの基礎設計資料を持っていた。

設計の手順の都合で、重戦キ44の設計は、すでに試作命令の出た軽戦キ43より数ヵ月おくれてスタートした。森重信設計部長、糸川英夫、内田政太郎技師らを中心に基礎設計が進められたが、設計者たちにしてみれば、キ43のように格闘性で九七戦と同等などという制約がなく、速度重点の設計は技術的にも精神的にものびのびとやれた。

飛行機の基本的なディメンション（寸法）を決める空力設計は、「空戦フラップ」

でおなじみの空力班長糸川英夫技師が主になってやった。

重戦か、軽戦かの論議がやかましくなった理由のひとつに、戦闘機同士の空戦のほかに、来襲する敵爆撃機の邀撃が問題となりつつあったからで、海軍でもこの少しあとに十四試局地戦闘機（のちの雷電）の計画をスタートさせた。

対大型機の戦闘では旋回性などよりはむしろ上昇力、スピード、強力な火力などが重視される。この観点からすれば、九七戦は典型的な対戦闘機用戦闘機であり、キ43はどっちつかずの性格、そしてキ44は対爆撃機用戦闘機となり、糸川はこの目的のための理想実現をめざし、きわめて野心的な手法を用いた。

武装は強力な二十ミリ機関砲を装備し、翼幅は十メートルを切り、翼面積は世界最小とし、来襲する敵爆撃機を邀撃するのに必要な上昇力は世界最大をねらった。

最終的に決まった主翼は、翼幅九・五メートル、アスペクト（縦横）比六、翼面積は思い切って十五平方メートルとした。

これはかなり大胆な決定だったが、空力研究班では九七戦の試作時代に、翼面積を系統的に変える実験を十六・四平方メートルまでやってあったので、このときの結果と経験が裏付けとなっていた。

キ27、キ43、キ49（百式重爆「呑龍」）などの試作や設計がかさなり、実験機的な性格の強いキ44の設計は関係者たちの努力にもかかわらずおくれ気味だったが、陸軍側の要求性能も昭和十四年になってやっと出た始末だった。
最大速度　六百キロ／時以上（高度四千メートル）
上昇時間　五千メートルまで五分以内
行動半径　六百キロメートル
武装　胴体　七・七ミリ二梃、主翼　十二・七ミリ二梃
引込脚の採用と航続力の延長を除けば、比較的、九七戦と同じ路線で設計をすすめることができたキ

キ44（鍾馗）。従来の日本機にはないスタイルで、太い機首と小さな主翼と尾翼をもつ重戦闘機であった。のち独機との模擬戦により、パイロットの本機への評価が高まっていった。

43にくらべ、すべてを一新しようとしたキ44の基礎計画は、要求性能の難易にかかわらず手間どったが、ノモンハン事件での九七戦の大勝にもキ43ほどの影響を受けることもなくすすめられ、つぎのような仕様が決まった。

エンジン「ハ41」一千二百馬力（高度四千メートル）

主翼面積　十五平方メートル

全幅　九・五メートル

これによると、重戦、軽戦のひとつの目安である翼面荷重は百四十七キログラム／平方メートルに達し、キ27の約九十、キ43の約百に対して、重戦の性格がありありとうかがわれるが、主翼面積についても当時、キ44の設計上のライバルと目されていたドイツのメッサーシュミットＭｅ109の十六平方メートルより一平方メートル少ないことがわかり、設計室では、「やった、やった」と快哉を叫んだという。

主翼にかずかずのあたらしい試みがなされる一方では、射撃性能の向上のために独特の方法が採られた。糸川はつぎのように述べている。

「横（横軸まわり）の運動と縦方向を連結する糸を断ち切り、別個のものとするという根本思想から、翼幅をできるだけ小さく、上反角も小さく、胴体の側面積を小さく、したがって胴体の側面長を異常に長くするという理論的帰結の結果、方向舵の位置は

後退し、その必然の結果として水平尾翼が胴体の中途に取り残されることになる」（『世界の航空機』鳳文書林刊）

こうしてキ44独特の尾翼配置が生まれた。

もう一つ、糸川のアイディアである空戦フラップも取り入れられた。もともと高速戦闘機の操縦性改善が目的で考えられたものだし、速度第一の重戦とはいってもそこは日本のこと、出来上がってみれば格闘性も問題になることはわかりきっていたからだ。

エンジンは、この時点で入手可能なもっとも出力の大きい中島製「ハ41」だったが、外径は一千二百六十ミリで、キ43につかわれたハ25にくらべて直径が百四十五ミリも大きいので、機首から胴体にかけての整形には苦労した。結果的には、海軍の雷電のような太くふくらんだ紡錘型とせず、キ43とおなじようにエンジン直後から胴体幅をすんなり細くする方法がとられたが、見る角度によってはひどく頭でっかちに見える独特の胴体形状となった。

主翼は、できるだけ高速をねらう関係から、胴体付根付近で翼弦の十四・五パーセントという薄いものとし、キ27、キ43いらいの低速時に翼端失速のおこりにくい左右翼の前縁が一直線となるような平面形がえらばれた。

もちろん、これも低速時の翼端失速を防ぐための捩り下げも、キ27ぐらいの二度、すなわち根本で取付角二度、先端でゼロが踏襲された。

第一課での基礎設計が終わると、実物の機体をつくるための細部設計は第二設計課にうつり、内田政太郎技師が機体主任となって全体のまとめにあたり、陸軍側は技研の木村昇技師が担当した。

同じ課の太田稔技師を機体主任とするキ43が、要求性能を出せずに苦労している時期に、まったく性格の違う重戦キ44は、こうして具体化のスタートを切ったが、はじめに苦労のたねとなったのは、この薄い主翼にどうやって脚や十二・七ミリ機銃、燃料タンクなどを収容するかだった。

主桁は二本桁だが、脚収容のスペースの関係で中央部は折れ曲がった形とし、機銃の位置より外側で外翼につなぐ方法をとった。機銃取付部も翼を厚くしなければならないので、翼付根と翼端部の厚さは直線的な変化ではなく、中央翼部分はやや厚くし、外翼との接合部から先が急激に薄くなっている。

主翼が薄く、かつ小さいので、燃料タンクの容量が充分にとれず、空中火災による操縦者の被害を懸念する小山技師長（十四年六月になった）の意にそわないことではあるが、操縦席前の胴体内に燃料タンクを設けることにした。

胴体構造や艤装などは大体キ43と同じだったが、操縦席のうしろには防弾鋼板を取りつけることが予定されていた。この防弾鋼板については、あとで述べるように、陸軍の木村技師が各種の実験をやっている。

武装は、試作四号機まではイタリアのブレダ製機銃が予定され、胴体内の七・七ミリ二梃に対してはそれぞれ一千発、翼内の十二・七ミリ二梃に対しては、それぞれ七百発収容のベルト給弾式弾倉が入るようにした。

細部が決まったところで実大模型をつくり、軍側の審査を受けてからは急に完成が急がれた。

試作機　三機

昭和十四年十一月末　細部設計完了

昭和十五年四月末　試作一号機完成

技研との打ち合わせで日程もきまり、あわただしいなかに昭和十五年をむかえたが、陸軍側担当の木村技師の一月十八日付のメモによると、試作は順調に進み、一月二十日ごろには機体の骨組が治具(組み立てのための精密なフレーム枠)にのるであろうと述べている。また、この時点で風防は固定式で側面のみがスライドしてパイロットの入口となる構造となっていたものを、五号機ではキ43と同じように全体が後方にスライドするように変える案や、二重反転プロペラ装備なども検討されている。

さらに木村メモによってキ44の進捗を追ってみよう。

二月十日の時点では、胴体組み立て治具上に円枠が並び、主翼は外板張りがはじまっている。さらに二月二十一日には、「ハ５乙」エンジンの九号、十一号の部品を利用して「ハ41」「ペ７」（ペはプロペラの記号）用を二台、四月末完成予定とあるが、「ハ５乙」の性能向上型である「ハ41」は元来が爆撃機用で、前年完成した同じ中島の双発重爆撃機キ49に使われたものであるから、装備およびプロペラなどの違いによる試作および試運転が必要だったのだろう。

二月二十三日、中島の設計部大和田技師との打ち合わせでは、外注した中央翼組み立て治具のおくれや不具合のため、出来上がるのが約一ヵ月おくれ、主翼全体の組み立て完了は三月八日の予定が二十七日に延び、試験飛行は五月二十日ころの見込みとなった。

三月八日には、キ44の要目計画説明書が出ているが、これを前年の六月十日時点での性能計算とくらべてみると、胴体全長が七・七八〇メートルから一メートル近く延びて八・六八二メートルになっていることが大きな違いである。

五月に入ると、中島側の作業も急ピッチですすみ、試作第一号機が完成した。二十五日には森技師から、地上運転をやったこと、二十八日午後には試験飛行がやれるだろうとの連絡が入った。

飛行機の重量は、最初の計画と完成時とではある程度の違い――たいていは重くなる――はやむを得ないものだが、このキ44とて例外ではなく、計画時の二千三百四十三キロが五月八日の報告では二千四百十キロ、さらに二十七日の小山技師長、西村技師の報告によると、二千五百三十二キロとなり、計画に対して実に百九十キロちかくも重くなった。エンジン、主翼、防弾タンクなどが重量増加の主な原因だが、翼面荷重の増加を防ぐため、はやくも翼端部を三百ミリ延長、もしくは補助翼を変更する案などが出た。

一号機の試験飛行は六月三日に延び、当日は地上滑走までやったが、プロペラ・ピッチ変更のガバナーの調整が不充分で、飛行は翌四日に持ちこされた。

六月四日、いよいよ初飛行の当日となった。場所は群馬県の尾嶋飛行場であった。「日本ではじめての、この翼面荷重の一番大きな飛行機で最初に飛ぶ人は、中島飛行機の林操縦士だった。彼はもと陸軍にいた准尉で、現役当時は九七式戦闘機の育ての親の一人でもあった。このときの飛揚重量は二千百九十九・五キロで、翼面荷重は百四十六キロ／平方メートルであった。

試験飛行にあたって、無線電話によって空地の連絡がとれるようにしたのも、これまでにない初のこころみだった。皆、何か不安であった。尾嶋の飛行場の広さで離着陸は大丈夫だろうか。地上滑走をくり返しながら様子をみている林操縦士からは、エンジンの調子良し、ラジオの通信良好といってきた。

よし、というところで皆がかたずをのむ中を、いともあっさりと離陸した。ときに三時三十分であった」（木村昇、雑誌「丸」より）

飛行時間約三十分で初飛行は終わったが、林操縦士は、「外側フラップが上空でしまらない。失速速度百四十〜百四十五キロ／時（脚出しの状態）だが、もう少し良くなるだろう。昇降舵は引きすぎると振動があるようだ。エンジン二千二百回転ぐらいで、ゴトゴトという間歇的な振動がある。着陸速度は百三十キロ／時くらいだろう」と、所感を述べた。

さらに翌五日、第二回試験飛行がおこなわれたが、林操縦士の所見としてつぎのことが指摘された。

着陸距離八百七メートル、離陸距離二百七十八メートル。

一、水平飛行でカウル・フラップがしまらないため、シリンダー温度が下がり、九十度Cくらいになる。

二、Gがかかると天蓋が開く。
三、着陸速度の減少をはかること。このためにまずフラップ角度を三十度にふやし、つぎに三十五度にすることを研究すること。

六日、第三回試験飛行。このときの林操縦士の所見では舵の利きが多すぎること、フラップが現用の二十六度では少ないから、三十五度以上欲しいことなどが指摘された。

その後も、林操縦士によるテストがつづけられたが、第一回の試験飛行で指摘された振動が、再三発生し、またカウル・フラップの具合も依然として良くなかった。こうした欠陥をはらんだままおこなわれた六月十六日のテストで、ついに大事故寸前のきわどい故障が発生した。

「はじめエンジン回転二千三百五十で高度四千メートルまで連続上昇をやった。次いで二千三百八十回転で計器速度四百二十二キロ／時で全速飛行をおこなった。これが終わり、滑空角三十度位でレバーをつめ降下、高度三千五百から二千五百メートル、速度三百二十ないし三百三十から四百四十キロまできたとき、急に天蓋がふくらんでガタガタときたかと思うと、目もくらむような振動が発生した。手にも来た。そこですぐに引き起こした。足には来なかった（手に来るものと足にくるものとでは振動発生の原因がちがう)。天蓋があかなくなってしまった。このあと、フラップを二十度おろして旋回をやった。

つぎにスロー・ロール(緩横転)をやり、宙返りを、初めて二回やった。スロー・ロールは方向舵をつかう。右は少し悪かったが、まずよろしい。

エンジンはいずれも二千三百回転/毎分であった。フラップ角二十度の旋回では、昇降舵がオーバー・バランスのごとき反動があった。外方カウル・フラップ全閉、内方はやや開く。

二回目。

高度四千二百五十メートルで全開、速度が四百二十二キロ/時、エンジン二千四百回転/毎分位に落ち着いたと思ったとき、また例の振動が起こった。着陸の第四旋回で昇降舵が利かなくなった。着陸して調べてみたら、水平安定板の桁が切れていることを発見した」

森技師と林操縦士の報告要約である。あわや空中分解寸前の状態にあったわけだ。しかも剛性不足で天蓋が開かなくなった状態で、もういちどエンジン全開でテストをやったのだ。

原因はバフェッティング(風などによる打撃)で、各舵には完全なマス・バランスがつけられ、テストのおくれを避けるため、とりあえず水平安定板には斜めに支柱を設けて補強し、テストを続行することになった。エンジンからの振動に対しては防振ゴムをいろいろ変えてみるなど、これも対策にてこずった。

振動試験、水平尾翼改修などに時間をついやし、前回の事故後約二ヵ月半ぶりの九月二日、ようやく試験飛行が再開された。この間に試作四号機までの作業もすすみ、ひきつづき増加試作機三機が十六年はじめごろ完成をめどに、組み立て治具上にあった。さらに実用機、増加試作機三十六機をふくめて百機の生産が決まるなど、明野飛行学校の反対や冷視をよそに、キ44をめぐる動きはにわかにあわただしくなった。

九月三十日には、飛行実験部の森本大尉、技研の木村技師、中島の森、石原両技師らキ44の担当者による打ち合わせがおこなわれ、審査は軍の手に移った。しかし、カウル・フラップの不具合は依然としてなおらず、また重量増加がわざわいして、すべての性能が計画値を下まわるという悪い結果がでた。すなわち、最高速度は六百キロ以上の目標に対して五百四十五キロ、上昇力は五千メートルまで四分十五秒が六分三十秒、しかも翼面荷重が百七十キロ／平方メートルに増大した結果、着陸がさらにむずかしくなった。

これを知った中島の設計室では、ただちに対策の検討に入り、まず速度の向上を第一に、つぎのような改造案を決めた。

一、カウル・フラップの開閉機構を改修してエンジン冷却空気量を確実にコントロールできるようにし（冷却が不安定だとエンジン・シリンダー内の温度が高すぎたり低すぎたりして最高性能が発揮できないのは自動車と同じ）、カウル・フラップと胴体のすき間の形もかえる。

二、エンジン覆いが変形して空気抵抗が増加するのを防ぐため、剛性をふやす。

三、キャブレターへの空気圧力が低すぎたので六組の空気導入管を製作し、比較テストにより最良のものをえらぶ。

これらの改良を飛行実験部から借用した一機に実施し、尾嶋飛行場でテストに入ったのが昭和十六年七月であった。この間に増加試作などの予定は停滞し、十五年中に基本審査を完了、十六年三月末に制式決定に持ち込みたいとする陸軍側の希望もおくれることとなった。

このころ、ヨーロッパではドイツがソ連に進攻、日本、アメリカ間の外交交渉は双方ゆずらないまま日本軍が南部仏印（いまの南部ベトナム）に強行進駐するなど、世界大戦へのあゆみは急ピッチとなり、南方作戦準備のために陸軍は中島飛行機に対し、キ43「隼」の整備をいそがせていた。

すでに広東から帰っていた加藤建夫少佐の飛行第六十四戦隊は、九七戦から一式戦隼への機種改変がはじまっていたが、ほぼ同時期の試作指示でスタートしたキ44のほうは、七月五日の時点で、ようやく試作六号と七号機が技研に空輸される予定という、たいへんなもたつきようであった。

七月九日には実験部、技研関係者らによるキ44下打ち合わせ、ひきつづいて十日に研究会がおこなわれたが、このとき交わされた意見を要約するとつぎのようなものであった。

「実験の結果によれば、対戦闘機用戦闘機としては、九七戦、キ60（川崎航空機で試作したキ44とほぼ同クラスの重戦）に対して有効な攻撃不可能であり、諸元を比較してみると、列国の軽および重戦闘機に対してもそのどれにも攻撃できる能力はない。また、九七戦にくらべ取り扱いおよび操縦がむずかしいが、高速爆撃機に対しては九七戦よりやや有利だから、使用上かなり制限がある（夜間および対軽戦の意味）が、若干機の整備をおこなったらいい」

つまり、使いものになるまいという空気が支配的だった。

ところが、四面楚歌（しめんそか）か、気息奄々（きそくえんえん）のキ44に、思わぬ救い主が、それも遠方からやってきて、にわかに事情が急転することになったのだから、運命というものはわからな

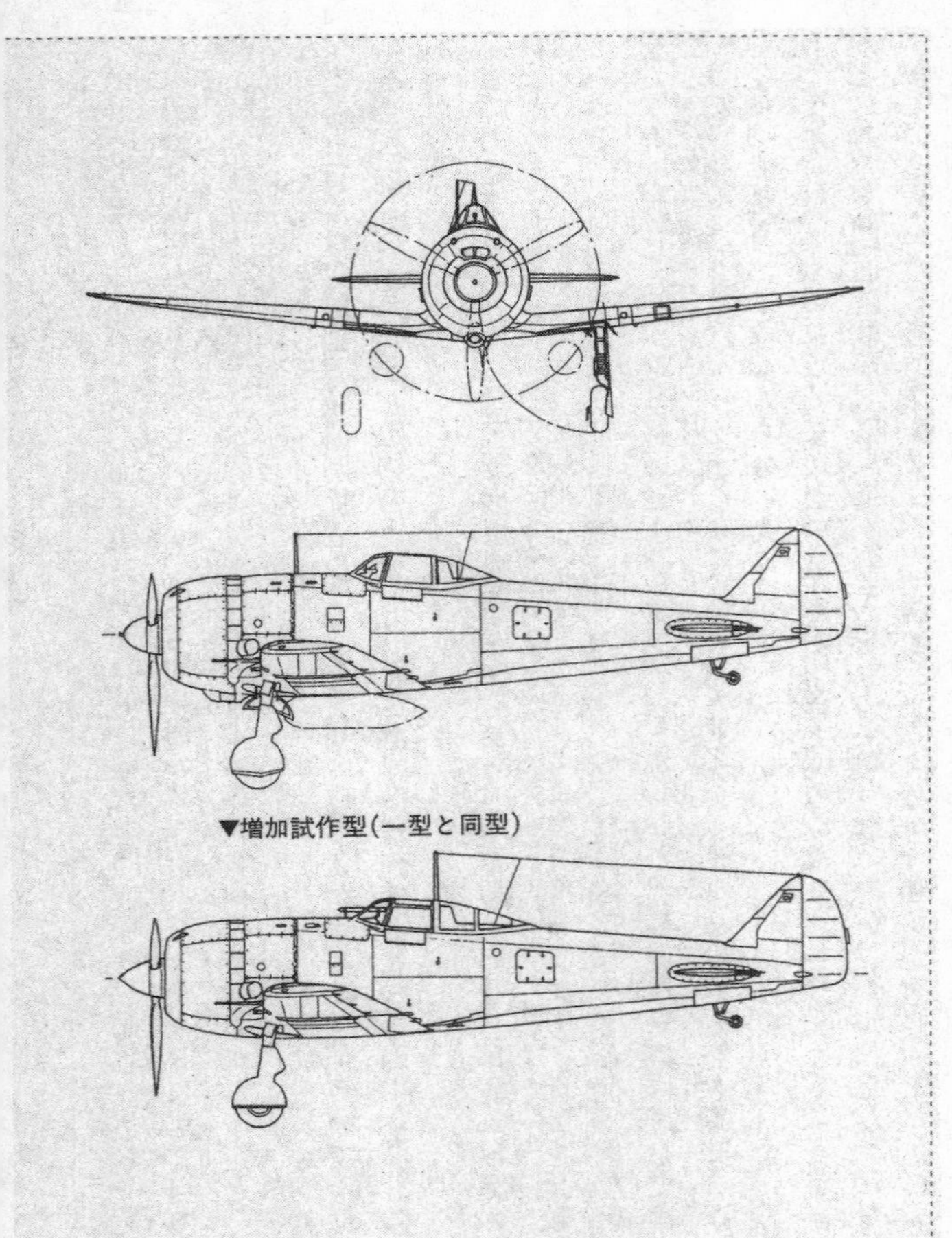

▼増加試作型(一型と同型)

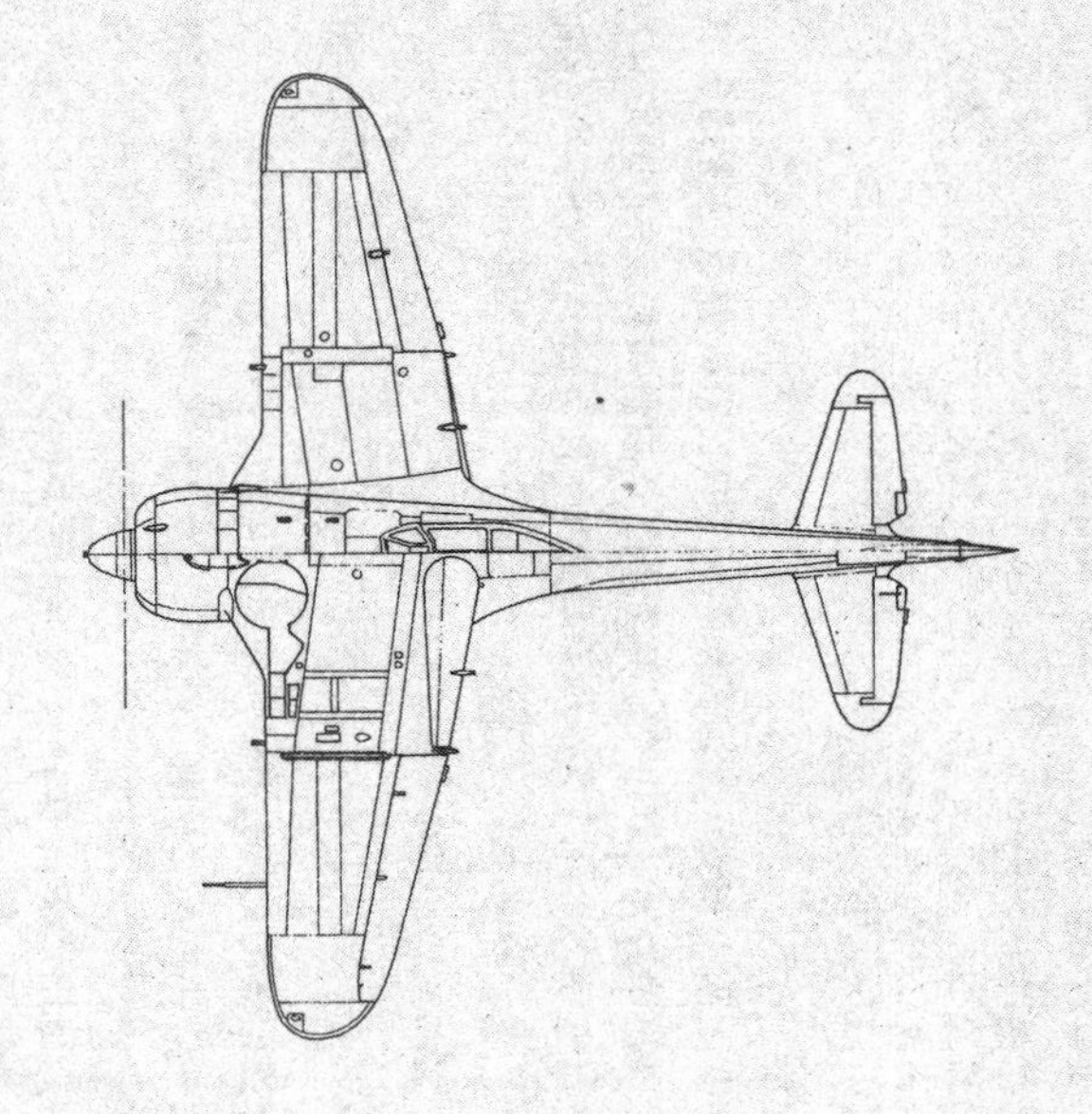

キ44二型　二式戦闘機「鍾馗」

全長：9.45m　全幅：8.90m　全高：3.12m　主翼面積：15㎡　自重：2095kg　全備重量：2764kg　発動機：ハ-109、1450馬力　プロペラ：定速3翅（直径3m）　最大速度：605km/h（5200m）　上昇力：5000mまで4分15秒　実用上昇限度：11200m　航続距離：1296km　武装：7.7mm×2　12.7mm×2、爆弾250kg

い。
それはメッサーシュミットMe109、友邦ドイツ空軍の主力戦闘機だった。

Me109と一騎討ち

ドイツ空軍の誕生とともに、いちはやく開発され、主力戦闘機として第二次大戦全期間を戦い抜いたメッサーシュミットMe109戦闘機については、あまりにもよく知られているが、それと日本のキ44とどういう関係があるかについては、首をかしげる読者も多いにちがいない。しかし、このメッサーシュミットMe109こそは、軽戦一辺倒にこりかたまった頑迷な日本陸軍の戦闘機パイロットたちに重戦のなんたるかを知らしめ、世界の戦闘機の趨勢にめざめさせた点で、数多く輸入された外国機の中では最も影響力のつよかった機体といえよう。

もちろん、わが国でも世界的な戦闘機の動きに目を閉ざしていたのではないことは、昭和十三年はじめにキ44の試作内示を出していること、川崎にキ60を試作させていることなどによって明らかだが、せっかく出来上がった試作機は戦闘機パイロットたちから白眼視され、いたずらに技術者たちをいら立たせるだけだった。それがMe109の出現によって、停滞していたキ44がにわかに動き出して二式単戦「鍾馗（しょうき）」の出現へとつながり、さらに三式戦「飛燕（ひえん）」（キ61）、四式戦「疾風（はやて）」（キ84）へと、以後のスムーズな重戦の誕生をうながすきっかけになったのである。

これより先、ヨーロッパ大陸でのドイツの爆発的な破壊力、なかでも強力な空軍の主力であるメッサーシュミットMe109戦闘機に目をつけた日本陸軍は、これを購入することを決め、はじめにのべたように昭和十四年暮れ、信濃中佐を団長とする六名の調査団をドイツに派遣した。

日本は十二機購入の予定だったが、ドイツ側は戦争を始めたためなかなか融通がつかず、途中でイタリア参戦などもあって入手予定は大幅におくれ、十六年五月、かろうじて二機だけが、フィーゼラー・シュトルヒ連絡機とともに、日本に到着した。

岐阜の川崎航空機に送られ、ドイツから来た工員や工業連盟員らの指導で組み立てられ、七月十四日に最初の飛行が、ドイツから同行してきたメッサーシュミット社のテスト・パイロット、シュテアーによっておこなわれた。ちょうどキ44が、福生での研究会でさんざんの酷評を受けた直後のことである。

整備の終わったMe109を相手に、わが陸軍戦闘機との模擬空戦および研究会が、七月二十一日から十日間の予定でおこなわれた。日本側の出場機種は、九七戦一型、二型および三型、キ44、キ45および60で、九七戦以外はいずれも重戦であった。日本側パイロットは、飛行実験部および明野の教官があたり、ドイツ側は、大使館付武官補のロージッヒカイト大尉で、彼はフランス進攻作戦ではMe109に乗って敵機を十機ほど撃墜した戦歴を持つ実戦派の戦闘機パイロットだった。

この一連の空戦実験で、キ44に乗ってロージッヒカイト大尉と対戦したのは、飛行実験部の荒蒔義次大尉（のち少佐、依田電機産業相談役）だった。

「つゆ明けの七月のむし暑い日だった。朝のうち晴れていた空には、いつの間にか積雲がびっしりとわき、ところどころにすき間を残すだけに変わっていた。

戦闘はまずキ44が高位、Me109が低位の対勢からはじまることになっていた。ところが低位で飛行場上空に進入してくるはずのMe109が、いつまでたってもあらわれない。

ふと下を見ると、飛行場には日独の高官連中が大勢、形勢いかにと見学に来ている。

私は、二、三百メートルの雲層をつき抜けて雲上に出てみたが、一面の積雲がギラギラとまぶしく反射し、暑い太陽が風防ごしに照りつけるだけで、飛行機の影すら見えない。

もう一度、ゆっくりレバーをしぼりながら雲下に出てみたが、メッサーはそこにも見あたらない。しかたなく雲の下際をゆっくり旋回していると、とつぜん横あいからメッサーがあらわれ、尾部にもぐりこんできた。

私は直ちに急旋回にうつり、メッサーのうしろにまわり込もうとすると、いきなり頭上の積雲の中に飛びこんでしまった。やむをえず再び旋回飛行をしていると、またどこからともなく現われるのだ。

はじめの約束は、彼が低い高度で飛行場上空に進入してくるのに、私が第一撃をかけたら回避して戦闘に入ることになっていたはずだったが、ロージッヒカイト大尉は雲を利用して見えがくれに飛行しながら少しも飛行場に近づかず、私が下をさがしているのをいいことに、上方から接敵してきたのである。

いまさら約束がちがうと怒ってもはじまらない。実戦であれば、当然こちらが撃墜されていただろう。

こんどは私が低く飛ぶ番なので、雲上に出て雲の頭をスレスレに飛んだ。もし不利な体勢になれば雲の中に突っこむこともできるし、後下方から攻撃されるおそれもないからと思

キ44に搭乗し、Me109と模擬戦闘を演じた荒蒔義次大尉。

って雲上にいたのだが、またしてもロージッヒカイトにやられるはめになった。

彼は決して戦いをいどんでくる様子がなく、遠くからこちらの位置をたしかめたのち、大まわりして太陽を背にして突進してきた。

太陽の方向にまわったのでチラチラしてメッサーが見えなくなったため、私が旋回しながらさがしていると、浅い角度で二、三百メートルのところに降下してきた。

そして、後下方に向かってなおもまわりこんでくるので、降下旋回ぎみにこっちも急旋回にうつり、互角の位置についたとたん、彼は急に旋回をやめて急降下し、雲の中に逃げこんでしまった。

追撃をやめて旋回していると、こんどは下からきて、いきなり尾部に食い下がってくるので、また旋回に巻きこもうとすると、再び雲の中に逃げてしまった。

こんなことの連続で、ロージッヒカイト大尉とわたしとの空戦は、ドイツの一撃離脱方式と日本の旋回戦闘方式のちがいで、離陸前に決めておいたルールは結局は通用するにいたらず、なんとも物足りない思いで着陸した。

だが、よく考えてみると、彼は実戦できたえられた男だった。制約もへったくれもない。メッサー単機でいかにして勝つか、これしか考えていなかったのではなかろうか。

最大限に特性を発揮して、利用しうるものはあまさず利用し、いかにして第一撃から有利に敵の後方につくかということが、敵をおとし、生き残る道だと実際に教えられた人である」（荒蒔義次、雑誌「丸」より）

結局、荒蒔対ロージッヒカイトの対戦は、まともな勝負とならず、強いていえばロージッヒカイト優勢のうちに終わったが、あとでおこなった日本式の旋回戦闘ではキ44がMe109を圧倒した。

キ44には荒蒔、Me109にはロージッヒカイトにかわって岩橋譲三大尉（のちのキ84審査主任）が乗って空戦をやった結果では、岩橋の操縦するメッサーは低位、高位いずれもキ44にかなわず、格闘性が悪いといわれたキ44も、メッサーにくらべればはるかに良いことがわかった。

この空戦で荒蒔は、旋回時にキ44の空戦フラップを八度出し、失速を起こさずにスムーズにまわれることを実証したが、これにはもうひとつ、技術側でひそかに細工がしてあった。

この実験の前に、技研の木村技師（前出）らの発案で、昇降舵の操縦系統の途中にスプリングを入れた。戦闘機パイロットたちはキ44のような重戦に対しても軽戦を操縦するときのような急激な舵を使うので、パイロットには内緒で、舵がそれほど利かないようにしたものだ。こうすると、操縦桿を引きすぎて旋回途中でガタがきたり失速するおそれがなくなる。

結果は予期したとおりで、最終日の研究会でのキ44に対するパイロット側の批評は、「Me109より旋回半径が小さい。補助翼が軽くて方向変換の初動がしやすく、切り返しがいいのは欠点でもあり、長所でもある。上昇旋回あるいはMe109を追いかけるとき、同じぐらいまで上がれる」と、これまでの悪評にくらべてかなり好意的なものにかわった。

操縦系統に入れたスプリングは、もとより応急的な処置だったし、空戦フラップもキ44のような重戦に向いた戦法に目ざめてからは廃止されたが、このときの空戦実験では大いに威力を示して、キ44の優秀性を印象づけるのに役立った。

だが、印象的だったのは、空戦実験だけではなかった。中島でキ44の機体主任の立場にあった内田技師は、森設計部長とともにこの実験を見学したが、このときの印象をつぎのように述べている。

「Me109、メッサーと同じダイムラー・ベンツDB601エンジン付きのキ60、そしてキ44の三機が並んだところを見ると、液冷エンジン付きのスマートな他の二機にくらべ、頭でっかちで胴体だけで飛ぶような感じのするキ44の姿が、異様に目立ったことを思い出す。

試験の結果は、速度では三機とも大差なく、上昇性能および出足の点はキ44がもっとも良く、しかし着陸に関しては一番むずかしいということであった。

三機が並んで最高速度で飛んだとき、低速で待ち合わせてスロットルを開いたのでは、キ44が先に飛び出してしまう。ちょうど百メートル競争でフライングをしてしまうのと同じようになるので、ほかの二機を先に出して追いかけた、とパイロットが話していた」（内田政太郎、『日本傑作機物語』航空情報刊より）

キ44は日本側パイロットに見直されたばかりでなく、メッサーシュミット社のテスト・パイロット、シュテアーをも感心させた。彼は副総統のヘスに操縦を教えたほどの名パイロットだったが、キ44に試乗したあと、「日本のパイロットが全部、これを乗りこなすことができたら、日本空軍は世界一になるだろう」と、意味深長な発言をしている。

このあと、Ｍｅ109は、岐阜から明野に移されて研究がつづけられることになったが、この実験を境に、今までもたついていたキ44をめぐる環境が一変した。

すなわち八月一日には、技研から中島に対し、キ44四号機までの改修と五号機から十号機までの完成を急ぐように指示が出され、さらに速度向上のため増加試作十一号および十二号機に「ハ109」を装備することになり、はやくも性能を向上したキ44二型の要望が現われた。

それもこれも、みなメッサーシュミットMe109のおかげとまではいわないが、Me109との他流試合によって、わが陸軍の重戦に対する迷いがふっ切れ、キ44採用の気運をもたらしたことはまちがいないといえよう。

第三章　二千馬力戦闘機計画

キ44三型からキ84へ

キ44のテストが不具合や改修などで手間どり、どうなるか先行き真っ暗だった昭和十六年はじめ、技研の安藤成雄技師は、中島の小山技師長の来訪を受けたことがある。小山がもたらしたのは、行きづまっているキ44の速度向上に関する案で、「ハ41」エンジン装備では最高速度がせいぜい五百八十から六百キロどまりだが、中島が試作中の二千馬力級エンジン「ハ45」を装備すれば、最高速度六百五十キロから六百八十キロ（高度五千メートル）になるという耳よりな話だった。

このころ、技研の計画課長だった安藤のもとには、技研（航技）将校が百人以上いたが、彼らに適当な仕事をあたえるのが安藤の役目でもあった。

安藤はさっそく、小山から聞いた二千馬力エンジン付き戦闘機の基礎設計を、中島から来ていた近藤芳夫中尉にやってみるよう命じた。

当時、陸軍では技術者を急速にふやす必要から、海軍の例にならって短期現役制度を設け、技術者の将校を各会社の軍の出張所所属とし、実際には会社の人間として働く制度をとっていた。近藤もそうした技術将校の一人であった。近藤はこのとき安藤に命じられた二千馬力戦闘機のことは、報告を出したあとすっかり忘れてしまっていた。


この年の八月、中島にもどった近藤の所属は、航空本部太田出張所付ということだったが、実質は設計部第一課勤務で、糸川英夫技師のもとで空力設計をやっていた。

エンジン換装によるキ44の速度向上案が検討される一方では、七月に改修を終わった試作機による中島社内での各種条件による速度テストが、林操縦士を中心にすすめられた。テストは、七・七ミリおよび十二・七ミリ機銃を取りはずしてこの部分に覆いをつけ、機体重量二千三百五十キロの状態でおこなわれた。このテストの結果、速度は確実にふえており、最適吸入管取り付け時に六百七キロ、最良吸入管取り付け時には六百六キロを示した。さらに操縦席前方の胴体表面のすべての隙間を目張りしてなめらかにしたところ、実に六百二十六キロの最高速度をマークした。

この結果、機銃など正規の武装をした状態でも五百八十キロを割ることはあるまいとの確信が得られ、完成途中にあったすべての増加試作機も改修されることになった。

最大出力一千二百五十馬力の「ハ41」で六百キロをマークしたことは、つぎの二千馬力エンジン装備への有力なステップとなったが、このテストでのもうひとつの収穫は、高度三千メートルで八百五十キロの急降下をやって、機体の強度、振動などの点で確信が持てるようになったことである。

急降下テストは、テスト・パイロットにとってもっとも危険なもののひとつだが、林操縦士はいやな顔ひとつせずに引き受け、キ44の改良に貢献したばかりか、つぎの二千馬力戦闘機への貴重な資料をもたらした。

さて、そうこうしているうちにも日本をめぐるアジアの情勢は悪化の一途をたどり、南方作戦準備を急がなければならなくなった参謀本部はあわてた。

若い戦闘機パイロットたちの意見に押されて格闘戦にこだわりすぎたばかりに、次期戦闘機キ43の整備がおくれ、ようやく二個戦隊の機種改変が進行中で、あとはすでに旧式となった九七戦の大群だけという心細いありさまだった。

こうなっては背に腹はかえられず、試作機だろうとなんだろうと一刻もはやく戦力化したい。そこでキ44も急いで戦力化することになり、テストをしながら部隊をつくるという構想で、十号機までしかできていない試作機のうち、九機をもって「独立飛行第四十七中隊」が編成された。

部隊はキ44審査主任の坂川少佐、隊付には神保進大尉、黒江保彦大尉、杉山中尉ら実験部のそうそうたるメンバーがえらばれ、わずか三ヵ月の訓練ののち、十二月三日には福生を発って南方へ向かった。このころ、キ43一式戦「隼」の二個戦隊もすでに広東周辺に展開を終わり、猛訓練をつづけながら大戦争の幕開けを迎えようとしていた。

十二月八日、日本は運命の大戦に突入した。「赤城」をはじめ六隻の空母を基幹とする機動部隊がパールハーバーを奇襲、アメリカ太平洋艦隊の主力を一挙に壊滅させた。南では台湾および南支沿岸の基地を飛び発った陸海軍航空部隊がフィリピンの航空基地を攻撃、山下奉文中将指揮下の大兵団がマレー半島に上陸した。

「本八日未明、帝国陸海軍は米英軍と戦闘状態に入れり……」

早朝、ラジオの大本営発表によって衝撃を受けた国民の耳に、ひきつづいてもたらされたはなばなしい大戦果のニュースは、先行きの不安を吹き飛ばし、積年の鬱憤を一気にたたきつける痛快なものであった。

パンチはさらにつづいた。二日おいて十二月十日、マレー半島クワンタン沖で、イギリスの新鋭戦艦プリンス・オブ・ウェールズと巡洋戦艦レパルスが、日本海軍の陸攻隊による航空攻撃であいついで撃沈された。

一方、マレー半島に上陸した山下兵団の快進撃はつづき、フィリピンの敵航空兵力は優勢なわが陸海軍航空部隊の攻撃の前に、わずか三日で潰滅した。

国を挙げての信じられないような戦勝ムードの中で、中島の設計室では、自分たちが手がけた九七戦、隼、キ44などの活躍に思いをはせていた。そして、一刻もはやく次期戦闘機にとりかからなければと誰もが思い、その心情的エネルギーの蓄積が、しずかではあるが力づよく爆発のときを待っていた。

緒戦の興奮からまだ覚めやらぬ十二月末、キ44三型の計画を切りかえて、あらたにキ84とし、最高速度六百八十キロ、高度五千メートルまでの上昇時間四分三十秒の高性能戦闘機として開発することが決まった。十二月二十七日、技研の木村技師は中島の内田政太郎技師と下打ち合わせをおこない、一日おいて二十九日、森設計部長と太

技師長としてキ84の製作にあたった小山悌（昭和12年当時）

田稔課長の二人を技研に呼び、キ84設計基礎要項を手渡した。

内示を受けた中島の設計室では、書類の到着を待って設計の主だったスタッフを集め、小山技師長から通達された。病後、出社して間もない技師長は、「試作命令がきた。はじめから採用決定だから、失敗は絶対に許されない」と、簡単だがきびしい調子で言った。

もとより、多くを語る必要はなかった。スタッフ全員、すでに技術的にも精神的にも準備は充分だったから、キ43、キ44の作業とかさなることもあえて意に介さなかった。

陸軍が中島に対し、キ84の試作を内示した翌日の十二月二十八日、海軍もまた、キ84と同じ「ハ45」付きの局地戦闘機N1K1-J「紫電」の試作を川西に指示した。中島は重戦キ44の発展型がベース、川西は水上戦闘機「強風」の陸上機化と、それぞれの発想は異なるが、奇しくも陸海軍の二千馬力級戦闘機が、国内の東と西で同時にスタートすることになった。

設計作業は、まず基礎計画を担当する設計部第一課からスタートした。開戦まぢかの十一月に会社を辞めてしまった空力班長の糸川技師にかわって、すでに技研からもどってきていた近藤大尉が、課長の西村節朗技師（のち秋田県能代市長）にじかに指示を仰いで空力設計をやることになった。

飛行機の設計は、空力設計が基本となる。エンジン、プロペラ、主翼断面の翼形、主翼面積やその平面形、上反角、ひねり（捩り下げ）、尾翼の形状と配置などをもとに飛行機の外形を決め、必要燃料、装備などから全備重量を推定し、紙の上で性能計算をやる。これを何回もくり返しながら、要求性能をみたすのに必要な飛行機のアウトラインがきまる。

つまり、外形線だけあって中身のない、飛行機の各部を、こまかい数表と線であらわした数十枚の〝線図〟とよばれるものと、方程式と数字、図表などでびっしりかためられた性能計算書を作るのが、第一段階の仕事である。もちろん、実際に計算をしたり図面をひいたりするのに、工業学校や女学校出の優秀な計算係や製図手たちも大いに活躍した。

これが終わると、計画重量と重心を維持するように各構造、装備の重量、配置などが検討され、その重量制約の中で、エンジン装備、燃料装置、操縦装置、兵装備、計器類や各種操作など座席まわり装備、脚油圧装備、電気通信装備、翼、胴体、動翼の構造など強度計算の要素も入れ、また整備のしやすさ、生産上の作りやすさなども考え合わせながら、各専門設計部門の緊密な連携のもとに、基礎設計図が練り上げられてゆく。そして、この基礎設計図をもとに、第二課で具体的な製作図面を引くという順序になる。

基礎計画にとりかかろうと、渡された内示書類をこまかく検討していた近藤は、「はて……？」と首をひねった。どうも以前にやったことがある内容と似ているのだ。そこで年明けの昭和十七年一月十六日、会社側と技研との打ち合わせの際、かつての上司であった技研の安藤技師にたずねた。

「安藤さん。なんですか、これは？」

「前にきみにやらしたことがあったろう。あれだよ」

そこで近藤は、昭和十六年はじめ、技研時代に安藤に命じられてやった二千馬力エンジン付き戦闘機の基礎設計のことを思い出した。

木村昇メモによると、この日の打ち合わせの内容はつぎのとおりである。

一、巡航高度は四千メートルが実用と考えた。余裕百リッターと見積もる。速度四百四十キロとして毎分一千九百回転、ブースト圧（マイナス）百五十、五百九十馬力で五百五十リッター必要。行動半径四百キロに一・五時間の余裕を見込む。
燃料消費量は一時間当たり百六十七リッター。
二、落下タンクは一時間以上。防火は胴体内は考えるが、翼内はなるべくやる。
三、最高速度はプロペラ効率七十六パーセントと仮定し、六百八十キロとする。これに対し会社側希望としては、六百六十キロ以上といったところが実力ではないかとの意見が述べられた。
四、エンジンは「ハ45」とする。
五、電熱装置はパイロットと研究する。電源は使用するものとして考慮すること。
六、ホ一〇三（十二・七ミリ機関砲の符号）は三百発とし、弾倉は取りはずせること。翼はホ五（二十ミリ機関砲の符号）とし、駐退機をつける。
七、車輪はコマ形。タイヤ寸法六百五十ミリ（外径）×百五十ミリ（幅）
八、ＯＰＬ照準器の点検距離二百五十メートルから三百メートルくらいにしてほしい。計器板と目との関係に留意のこと。

いたちごっこの重量と翼面積

キ84の要求性能は、かつて自分が手がけたものとかなり似ていたが、近藤は、同じ軍服組の斎藤武二中尉（のち富士オート社長）らと、もう一度、空力設計をやることにした。

すでにモデルとして、キ44という先行している機体があるだけに、はじめは作業も順調にすすんだ。しかも予定されているエンジン「ハ45」は二千馬力で、出力に充分な余裕があり、それでいてキ44のハ41より外径が八センチも小さい。エンジンの重量増加は二百キロほどとみられたから、プロペラ重量や航続距離の延長にともなう燃料の増加分を見込んでも、たいした翼面積の増加なしに翼面荷重をキ44の計画と同じ百五十五程度に押さえられそうだった。とすれば、着陸速度も百三十キロくらいにおさまるだろう。

馬力荷重の低下は、当然のことながら上昇性能を向上させ、最高速度の目標達成を容易にするだろう。要するに、キ44の翼面積をふやして着陸速度を下げると同時に、燃料タンク容量をふやして航続距離をのばし、エンジンのパワーアップによって速度、上昇力ともに向上をねらおうという発想で、すでにキ44三型の計画で一応のめどはつけられていた。

ところが、いざ作業にかかってみると、あらゆる条件が一年前とはかわっていた。

第一にキ44が計画された当時とちがって、キ84が使われる戦場は、最初から広大な太平洋地域なのだ。航続距離の要求は、必然的に燃料の増加、したがって重量増加につながる。また武装の強化や防弾鋼板、防弾ゴム張り燃料タンクなど装備品自体の重量増加は、それ自身のほかに機体構造重量の増加をまねく。

最初は、キ44の重量増加分を見込んで全備重量二千七百キロ、主翼面積十七・四平方メートルとふんでいた。ところが、どうしても重量は三千キロくらいになりそうだ。この重量で、翼面荷重を当初の計画である百五十五キロ程度に押さえようとすると、主翼面積をさらに二平方メートルくらいふやさなければならない。これは、キ44の主翼面積十五平方メートルにくらべると約四平方メートルの増加となり、当初の計画は大幅にくずれてしまう。

こうした苦悩は、昭和十七年六月三日付の木村メモによく現われている。

一、空力的に翼が未決定だ。燃料が入りそうもないので、面積を十九平方メートルくらいにしなければなるまい。六百五十リッターくらいなら収容できるめどあり。胴体には多く入れないつもり。

二、全備重量は三千二百五十キロぐらい。

三、機関砲の取り扱いも困難である。この点だけのモック・アップの要あらん。

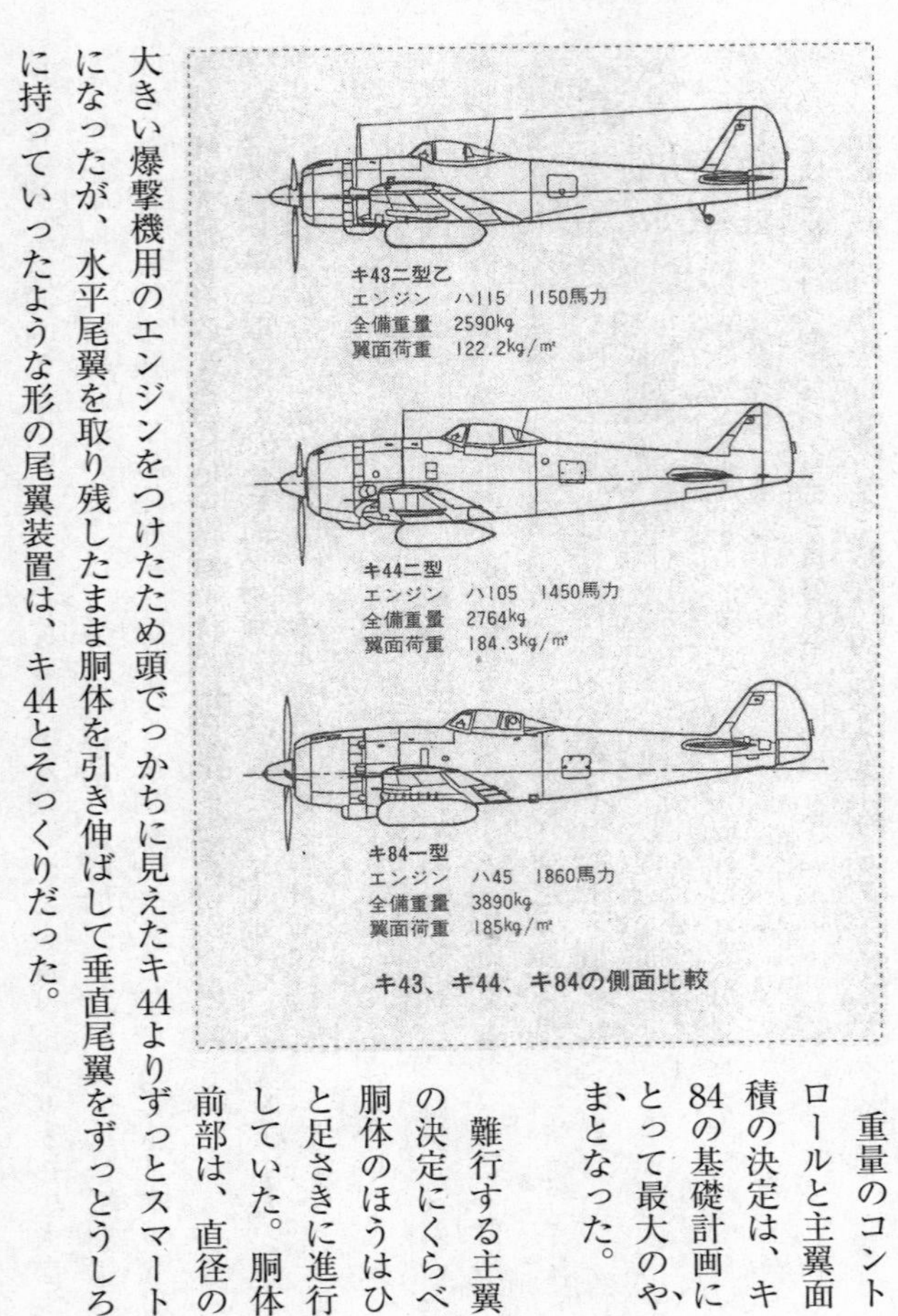

キ43、キ44、キ84の側面比較

重量のコントロールと主翼面積の決定は、キ84の基礎計画にとって最大のやまとなった。

難行する主翼の決定にくらべ、胴体のほうはひと足さきに進行していた。胴体前部は、直径の大きい爆撃機用のエンジンをつけたため頭でっかちに見えたキ44よりずっとスマートになったが、水平尾翼を取り残したまま胴体を引き伸ばして垂直尾翼をずっとうしろに持っていったような形の尾翼装置は、キ44とそっくりだった。

「戦闘機とは、射撃するための道具である」

これは、小山技師長の戦闘機設計の根本理念だった。どんなに一般性能が良く、格闘性にすぐれていても、弾丸の命中精度の悪い戦闘機では落第だ。敵を追いつめ、照準器にとらえたら、絶対に機軸がぶれたり横すべりしてはならない。とくにキ84は、キ44よりいくらか緩和される予定ではあったが、重戦にちかい一撃離脱の戦法を想定していたから、射撃のときの方向安定は、空力設計の際の最重要項目であり、これには、主

△キ84の母体となったキ44「鍾馗」▽前線の要望もとり入れ、機首・胴体・主翼面積、全て大きくなり、キ44の癖を取り去ったようなキ84「疾風」。もとはキ44三型として計画された。

翼上反角の設定とともに、技師長の根本理念が強力に貫かれていた。

しかし、胴体の平面形の決定にあたり、近藤はひとつの疑問にぶつかった。九七戦、一式戦隼、そしてキ44と、中島の戦闘機の胴体平面形は、エンジン・カウリングの直後から内側にゆるいカーブをとり、ややくびれたような形をしている。これは、胴体と主翼との悪い空気干渉を避けるため、ここで胴体をいくらか絞って空気が流れやすくするという技師長の考え方によるものだが、空力的な流線（形）という観点からすれば良くない、と近藤は考えた。それに、構造班の連中に聞いてみても、縦通材がとおしにくいとか、凹曲面だと外板が張りにくい、といったような致命的ではないがマイナス面もある。

そこで近藤は、三階の設計室にいた小山技師長に、胴体のくびれをやめたいと申し出た。大正の末からこの道に入り、すでに十七年の豊富なキャリアと確固とした自己の設計哲学を持つ技師長に、大学を出てまだ三年そこそこの若僧が異議を申し出ることは、かなり勇気のいることだった。予想どおり、技師長は真っ向から反対で、近藤の意見がとおりそうな気配は見えなかった。たいていはここで引き退ってしまうところだが、若さゆえの向こう見ずで、かれは勇ましく技師長に食ってかかった。こうしたこの論戦は、双方の主張に決め手がなく、いつ果てるとも知れなかった。

外形上のことは、模型をつくって風洞実験でしらべるものだが、小さい風洞模型では、胴体側面のわずかなカーブの違いなどは、効果としてあらわれてこない。とどのつまりは、両方とも実機をつくって飛ばせてみなければわからないといった性質のものであった。いつまでも平行線をたどる議論に業を煮やした技師長は、しまいには呆れ顔で言った。

キ84の主翼前縁付近の骨組み。ちょうど主脚の引き込み部分にあたり、写真中央の桁の孔は脚支柱の回転軸受けである。

「きみ、魚の平面形を考えてみろ。あれはどうなっている……」

それでも近藤は、あきらめなかった。

九七戦やキ43程度のスピードなら問題にならないだろうが、キ44やキ84では、急降下で突っ込むと時速八百キロ以上となり、凹面の部分にはかならず空気の乱れを生じて変な渦（うず）が発生するはずだ。海軍の航空技術廠の研究理論を生かして紡錘型のふくらんだ胴体を採用した雷電や強風などの例もある。それに、構造屋さんたちもその方が作りやすいと言っている。これらの理論や事実を背景に、近藤はなおもしつこく食い下がった。

「いいよ」

半日におよぶ議論の末、技師長は若い近藤の意見を認めてくれた。結局、近藤のねばり勝ちとなった。

たかが胴体外形線のわずかな違いで、と思われようが、こうしたことの一つ一つに、ベテランもルーキーも自分の技術的主張をぶつけ合って、よりよい解決の方法を模索した。敵を追う前線のパイロットたちと同様、彼らにとっても設計室は戦場であったのだ。

最終的に主翼面積は変更になるおそれはあったが、基本的な線図、配置が決まり、前に述べたような順序で第一課で基礎設計図が大体できあがると、設計作業は第二課に移って細部設計に入った。といっても、中島の設計システムでは一課、二課、三課といった縦割り組織のほかに、空力、重量、翼、構造、脚、油圧、操縦装置などの専門班が横割りの組織として存在していた。だから一課での基礎設計が終わると、この中からかなりのメンバーが第二課に移って、ひきつづき細部設計を担当することになる。

昭和十七年夏ころのキ84の主だった設計メンバーは、つぎのようになっていた。

構造（胴体）川端清之技師
（主翼）菅沼俊郎技師
操縦装置　見方謙策技師
　加藤俊彦中尉
脚・油圧　飯野優技師
兵装　木村久寿技師
　古館精一技師
空力・性能関係　近藤芳夫大尉
　斎藤武二中尉
動力艤装　遠藤（不明）技師
　川村仁右衛門技師
無線・電気　木村和夫技師
　大熊唯明技師

さらに、これらの技師を助けて仕事をする製図係、計算係、女子のトレーサーまで入れると、総勢百名ほどの大陣容となる。

このほか第一課長の西村節朗技師が基礎計画のまとめ、百々(どど)義当技師（のち群馬短大教授）が重量統制ならびに図面制式、部品標準化、工作基準などの制定を担当した。また松田敏夫技師（のち岩手富士産業社長）や鶴見勇馬技師らが、試作機の製作指導にあたり、エンジン関係では、荻窪工場技術部の中川良一技師や水谷総太郎技師らも協力している。

第二課長は太田稔技師だったが、キ43の作業に追われていたので、技師長は飯野技師をキ84の機体主任とし、近藤大尉には副主任的な役割を命じた。中島のシステムによれば、各専門班の人たちは、ある機種についで設計が一段落するとすぐほかの機種に移ってしまい、固定した特定の設計チームというものがない。したがって、特定の機種を一貫してみる立場の人間がどうしても必要となる。また、実戦部隊に配属されるようになった後も、改修その他の部隊からの要求をさばいて、現場にうまく流してやるなどの調整役（コーディネイター）がいたほうが、仕事がスムーズにいく。こうした役目が中島の機体主任で、他社でいう設計主務者とは、ちょっとニュアンスが違うようだ。

この開発システムは、今では自動車メーカーなどで広く採用されている。

細部設計がすすむと、最大の焦点はなんといっても重量だった。機体部分や部品の図面ができると、百々技師の重量班がグラム単位の精密な重量計算をやり、もし重量オーバーとなるとすぐ担当部門に警告を発した。そればかりか、百々自身も重量軽減について、いろいろアドバイスをしたので、個々の部分およびその集積である機体重量が、計画を大きくオーバーするということはなくなったが、その一方でどんどん進行している戦争からの教訓が、いや応なしに重量の増加を強いた。

格闘性か、スピードか、といったキ43時代のような迷いはすでになくなっていたが、航続力、防弾、防火、武装などに対する要求がそれで、骨身をけずるような苦心の重量軽減を尻目に、ドカッと重量がふえ、泣くに泣けない思いは、重量班だけでなく、性能の鍵をにぎる空力班にとってはもっと深刻だった。

機体総重量、エンジン出力、プロペラ効率、主翼面積などを基準に、第一次性能推算、第二次性能推算とやってきたが、重量がふえるたびに性能は低下し、翼面積増大の要求が出る。

十九平方メートルに拡大した主翼面積は、なんとしても押さえたかったが、技

項目＼種類	キ-44	キ-84
全長 m／m	7,780	9,850
全幅 m／m	9,500	11,238
全高 m／m	2,810	3,405
主翼面積 m⁻²	15	21
縦横比	6.01	6.08
取付角°	2→0	2→0
上反角°	6	6
正規重量 kg	2,345	3,560
発動機	ハ52三案	ハ45改
馬力／高度	1,260/3,700	1,890/1,800 1,760/6,000
最大速度	602	658
翼面荷重	156	170
馬力荷重／高度	1.86/3,700 2.23/6,000	1.9/3,700 2.09/6,000
プロペラ	3翼3,000 m/md	4翼3,000 m/md

木村　昇資料による

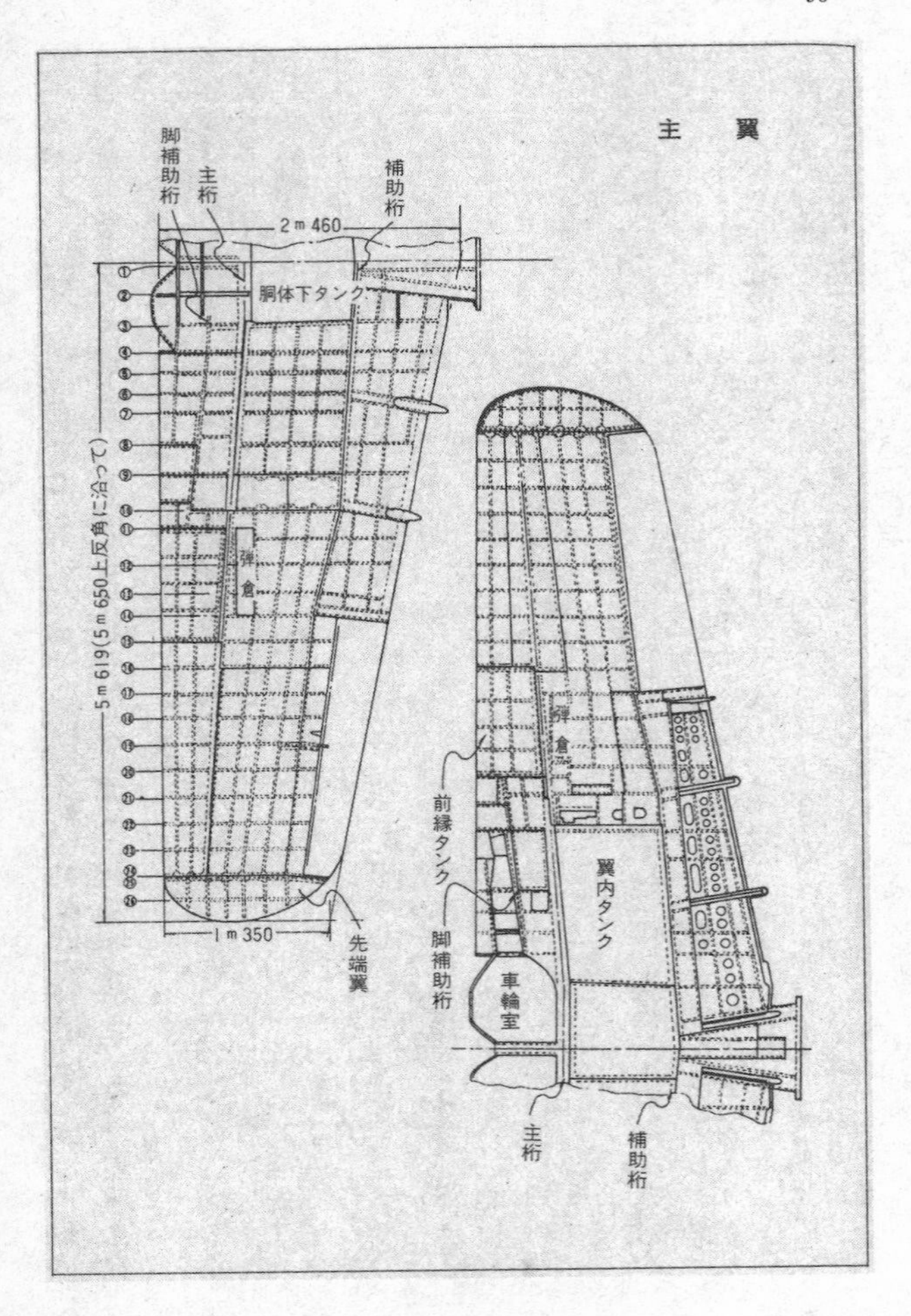
主　翼
脚補助桁
主桁
補助桁
2ｍ460
胴体下タンク
5ｍ619（5ｍ650上反角に沿って）
弾倉
1ｍ350
先端翼
前縁タンク
脚補助桁
車輪室
翼内タンク
主桁
補助桁

師長からも「オイ、翼面積が足りないぞ」と、さかんにつつかれる。

主翼もすでに細部の構造設計に入っていたが、機体重量、翼面積の増加は、いずれも強度計算のやりなおしと設計変更につながり、翼面積の増加については技師長、西村第一課長、空力班の間で何回も真剣な討議がおこなわれた。

その結果、主翼面積はさらにふえ、最終的には二十一平方メートルになって、ようやく全体の仕様が決まった。これをキ44計画時の数値とくらべると、前表のようになる。

全備重量は、前回の三千二百五十キロから三千五百六十キロにふえ、このため前部胴体を十五センチ延長し、酸素ボンベまでも前方に移動して重心位置を合わせなければならなくなった。そして、試作第一号機の工場完成は、昭和十八年三月二十日と予定された。

すでに試作機は三号機までの部品発注を終わり、一号機はかなりの段階まで作業がすすんでいたので、ここで大改造をやることは日程の大幅なおくれを意味する。そこで、一号機だけは翼面積をこれまでどおり十九平方メートルのままですすみ、二号機以降をいそいで再設計して変更を加えることになった。

秋も深まった十一月末のことで、試作一号機完成まで、あと四ヵ月足らずというあわただしさであった。

このころ、同時にスタートした川西の紫電は、水上戦闘機強風のデータや機体部品の流用ができる有利さがあったとはいえ、この社が、はじめて手がける陸上戦闘機にしては、はやいピッチで作業がすすんでいるようだった。

「川西には負けたくない」

各班の責任者である技師クラスで二十五、六歳、その下で実際に図面をひく工業学校出の製図手や女子トレーサーのほとんど大部分は、二十歳前という若い集団ではあったが、戦闘機の〝老舗（しにせ）〟をもって自他ともに任ずる中島の面子（メンツ）にかけて、キ84の完成にいっそうの努力を誓った。

前代未聞、試作機百機

空力設計が終わり、難行した主翼の諸元も決まったところで、近藤は、空力関係だけの計算結果と資料をまとめて「空力便覧」と名づけた小冊子をつくり、設計部内にくばった。そして、最終的に決まった主翼の内容は、つぎのようなものであった。

空力計画の基本となる主翼の翼断面には、九七戦いらい充分に経験ずみのＮＮ系翼形を使った（NNはニッポン・ナカジマの略号）。これは、当時わが国でひろく使われていたムンクのM6を改良した一連の翼形のことで、捩りモーメントがゼロという特性を持っているので、はげしい飛行操作をしても迎え角が変わりにくいという利点があった。

　主翼剛性の増加や翼内燃料タンク容量を少しでも大きくとる必要から、翼厚化は中央部で十六・五パーセント（実寸法で約四十センチ）、翼端部で八パーセントとし、意識的に薄くしたキ44の十四・五パーセント（中央部）より全体に厚目だが、キ43の十八パーセントよりは薄い。また、最大翼厚の位置は、中央部で前縁から三十パーセント、翼端で二十五パーセントの位置にとった。ただし、前桁は一様に、二十五パーセントの位置にとおすことにした。

　翼端失速をおくらせ、急旋回時のオート・ローテーション（自転）を防ぐための主翼捩り下げは二度で、翼端部分が〇度になるようにしたのは九七戦いらいのものだった。オート・ローテーションというのは、パイロットが急な舵を使ったときなど不意に急激な横転が起こることで（自動車でも高速で急ハンドルを切るとスピンすることがある）、そのまま錐揉（スピン）みに入って空戦不能になることがあるから、戦闘機ではもっとも嫌われる癖（くせ）の一つである。

平面形を前縁が一直線になるようにしたのも同じ意味で、最大翼厚部をむすぶ線がわずかに前進角を持つこと――零戦や紫電などは一直線――によって境界層の気流が内側に流れるようにしたのも、九七戦いらい一貫した小山技師長の設計思想のあらわれである。

さらに翼幅は十一・二三八メートル（キ43は十一・四三七メートル）、翼面積は二十一平方メートル（キ43は二十二平方メートル）、上反角六度、アスペクト比（縦横比）六・〇八と見てくると、キ84の主翼は翼幅と翼面積がやや小さくなったほかは、ほとんどキ43に似ていることがわかる。しかし、似ているのは外形だけで、構造はまったく変わった。

構造班のチーフは青木邦宏技師（のち岩手富士産業取締役）で、主翼担当は菅沼技師。菅沼はアイディアマンで、随所にあたらしい構造を採り入れた。キ44では二本桁にして翼内機関砲を取り付けるようにしたが、そのかわり脚の引き込みスペースの関係で複雑に折れ曲がった桁となり、製造上も強度上も苦労のたねになった。これらの欠点がキ84ではほとんど改められ、スッキリした構造になった。

主翼に限らないが、前作のキ43、キ44にくらべて大量生産に向くよう、つくりやすさにはとくに注意がはらわれた。たとえば、前部胴体が主翼と一体につくられ、後部

番　号	1	2	3	4～12
板厚（ミリ）	0.8＋0.6	1.4	2.0	0.6

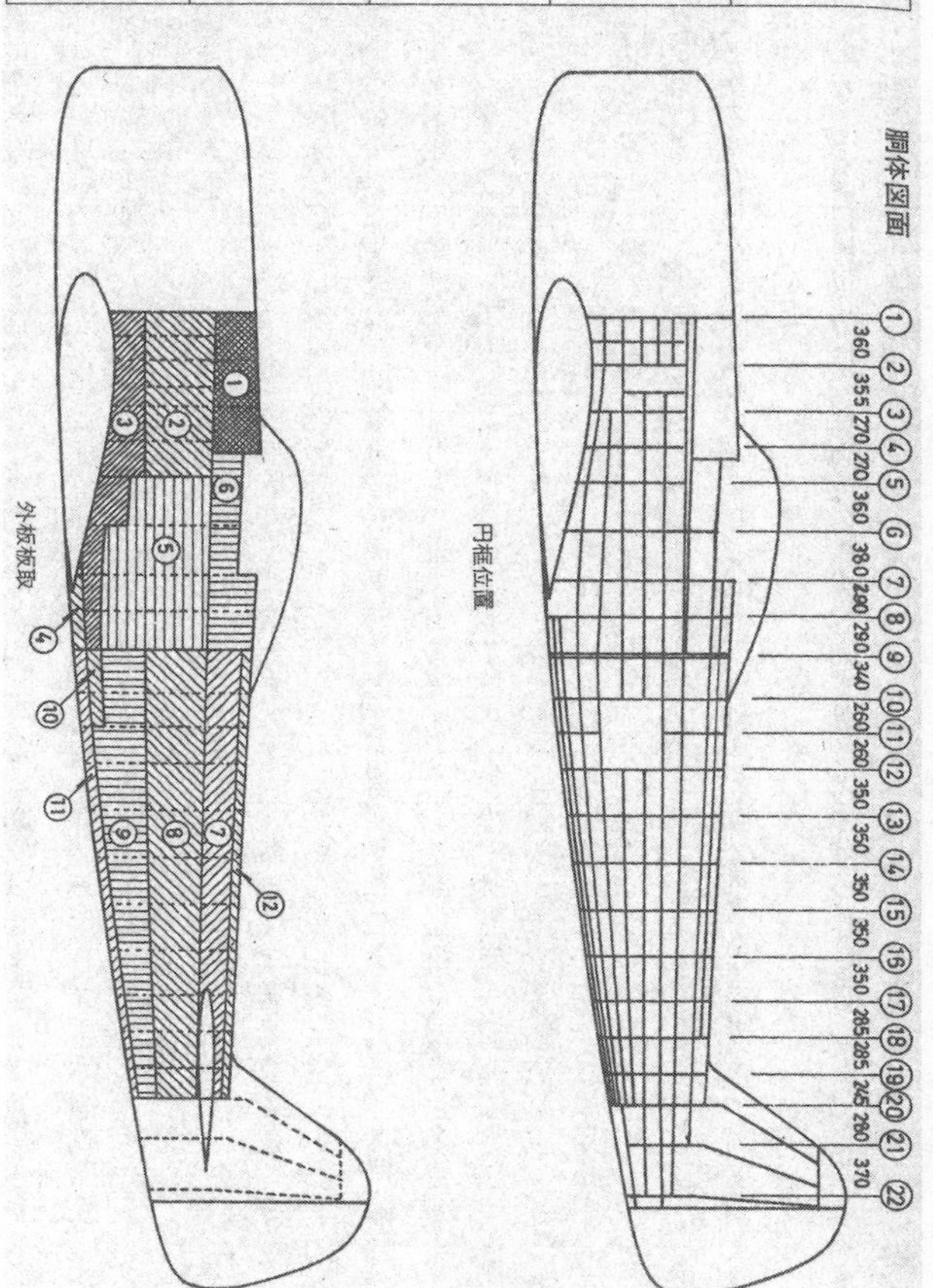

胴体と分割される九七戦いらいのすぐれたアイディアはキ84にも受けつがれたが、前部胴体と主翼の結合部の工作が面倒で、この部分の工数がかかりすぎる悩みがあった。キ84では胴体の翼取り付け円框に丈夫な金具を取り付け、主翼の桁とボルトで永久結合するようにした。こうすると前部胴体と主翼は別々につくって、あとから結合すればいいので、工数を減らすと同時に全体の完成時間を短縮することができた。

もう一つの大きな特徴は、開放部分が大きいことである。キ44のとき、主翼上面の機関砲のカバーが小さく、取りはずしにくい上に整備がやりにくいという苦情があった。大きな力がかかる主翼の強度上の理由から、こうした開口部分はできるだけ小さくし、たくさんのストップ・ナットでとめるようになっていた。一刻の猶予も許されない戦場では、砲の手入れは短時間でやらなければならないから、整備員たちの不満は当然だった。そこで菅沼が、大きく開ける、という線で考えた。

大きな開口部にするためには、カバーの剛性を増して強度を受け持たせるようにすることが必要となる。取りはずしをらくにするには、締め付けネジのピッチを粗くして個数をへらせばよい。

ところが、ネジは断面方向と軸方向の両方の力を受け持っているから、どちらかの力、この場合は断面方向の力を、ほかで受け持たせるようにすればよい。そこでカバー周縁の内面に山型の凸部分をつけ、開口部周辺に設けられた凹部分と合うようにした。そして締め付けネジをカバーの凸部分に脱落しないように封じ込める。こうすると、ネジを横方向にねじ切ろうとする力は、カバー周縁の山形部分が受け持ってくれるから、主翼の強度上にも整備上からも一挙両得になるはずだ。

△胴体内12.7ミリ機銃の点検カバーを開けたところ。機銃は外されている。▽機銃点検カバーの裏面（上写真の反対部）。小山技師長の方針でカバー類は剛性の高い物が用いられた。

この考えは燃料タンクのカバーにも実施し、主翼の強度を受け持たせるようにした。これらは菅沼のアイディアによるものだが、それは、すべてのカバーの剛性をあげる、という小山技師長のキ84に対する基本的な考えにもとづくものであった。

しかし、なかなかうまくはいかないもので、これは開口部を大きくするのに役立ったが、カバーが頑丈なので、一方のネジを締めようとするとほかが締められなくなってしまう。そこで端から少しずつ順ぐりに締めなければならず、かえってやりにくいという苦情が出た。とくに主翼下面の燃料タンクの取り付けなどはカバーが大きいので、整備員は移動しながら締め付ける羽目になった。そのかわり、締め忘れたネジがあって上空でカバーが吹っ飛ぶといったミスはなくなった。

菅沼のアイディアで、もうひとつ抜群だったのは翼の主桁の構造だった。キ84の桁は、板の上下をL型の押出機でサンドウィッチにしてあった。ところが、桁の位置は、前桁で翼弦の三十パーセントから二十五パーセントに変化している。それに翼厚もかわっているから、主翼上面の傾きと桁のL型材の上面の傾きは当然のことながら一致しない。また、翼端に行くにつれて桁も薄く細くしなければならない。ところがこれをやるには、長い桁の表面を翼表面の傾きに合わせて削るような工作機械が必要だし、このための工作時間も無視できない。川西では、紫電や紫電改の桁のフランジ材にはT型押出材を使ったが、フランジ材の加工のために特別の工作機械を作った。

菅沼は、切削加工のむずかしいL型材の表面に若干のふくらみを持たせ、翼表面の傾きがふくらみのどこかで接線で交わるようにした。こうすることによって、むずかしい表面は削ることなく、幅や厚みにテーパーをあたえるには、L型材の端面や裏側を直線的に削るだけですむ。一見、なんでもないような着想だが、工作を容易にする点で効果は大きく、キ84の工数低減に役立った。

空力的にも構造的にも苦労のおおかった主翼にくらべると、胴体のほうはいくらからくだった。

胴体の構造設計担当は川端清之技師（のち富士重工常務）で、昭和十五年の東大機械科卒、中島に入社後、先輩の近藤大尉に一年おくれて技術将校のコースに入ったが、肋膜になってすぐやめ、一年ほど療養して太田の設計部にもどった。

キ84の後部胴体内部。円框には零戦のような重量軽減の孔はない。

復帰後、手はじめにやらされたのは、すでに設計進行中のキ82高速重爆だったが、先行していた三菱のキ67などとの兼ね合いもあって中止が決まり、途中からキ84に移った。いわば経験二年目のようなものだったが、先輩たちが

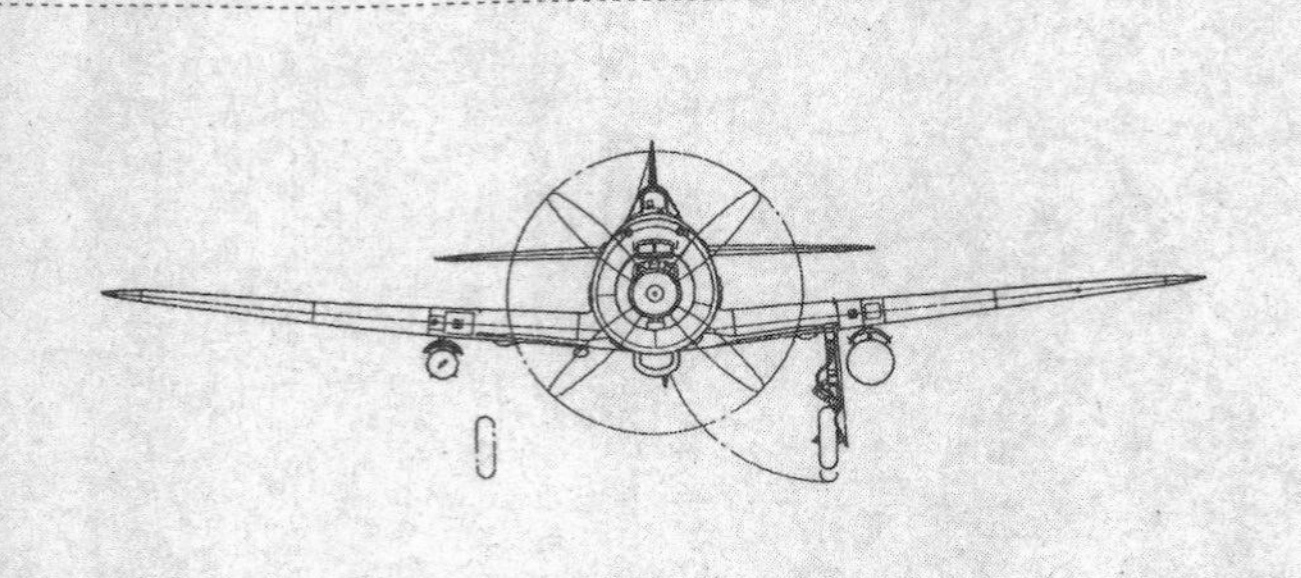

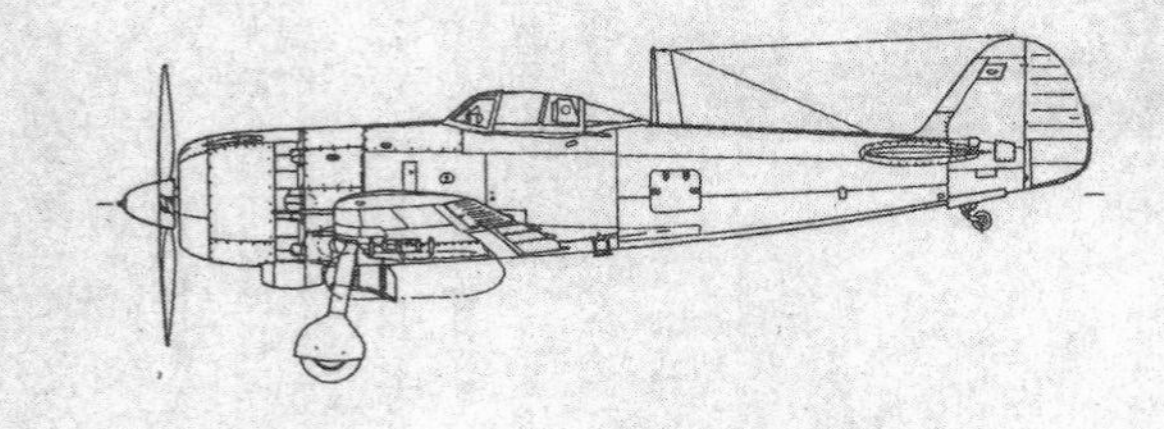

▼増加試作型

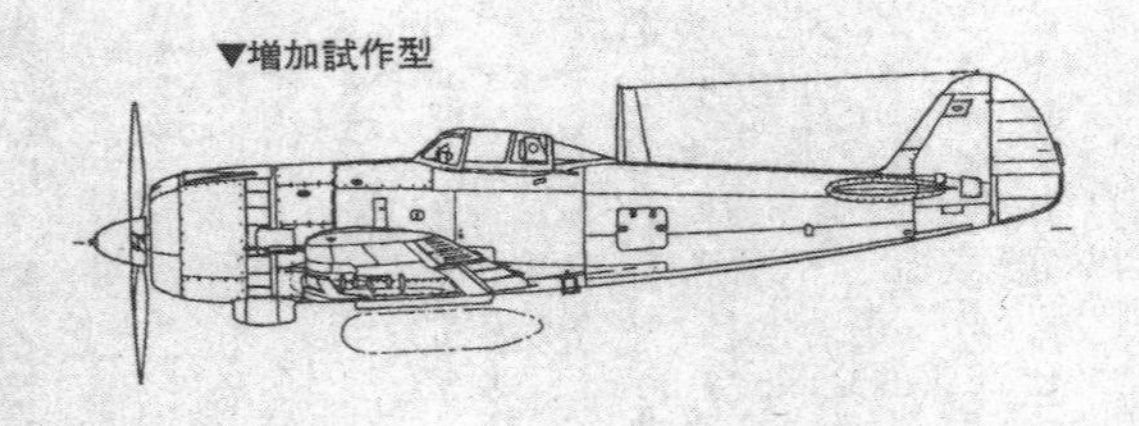

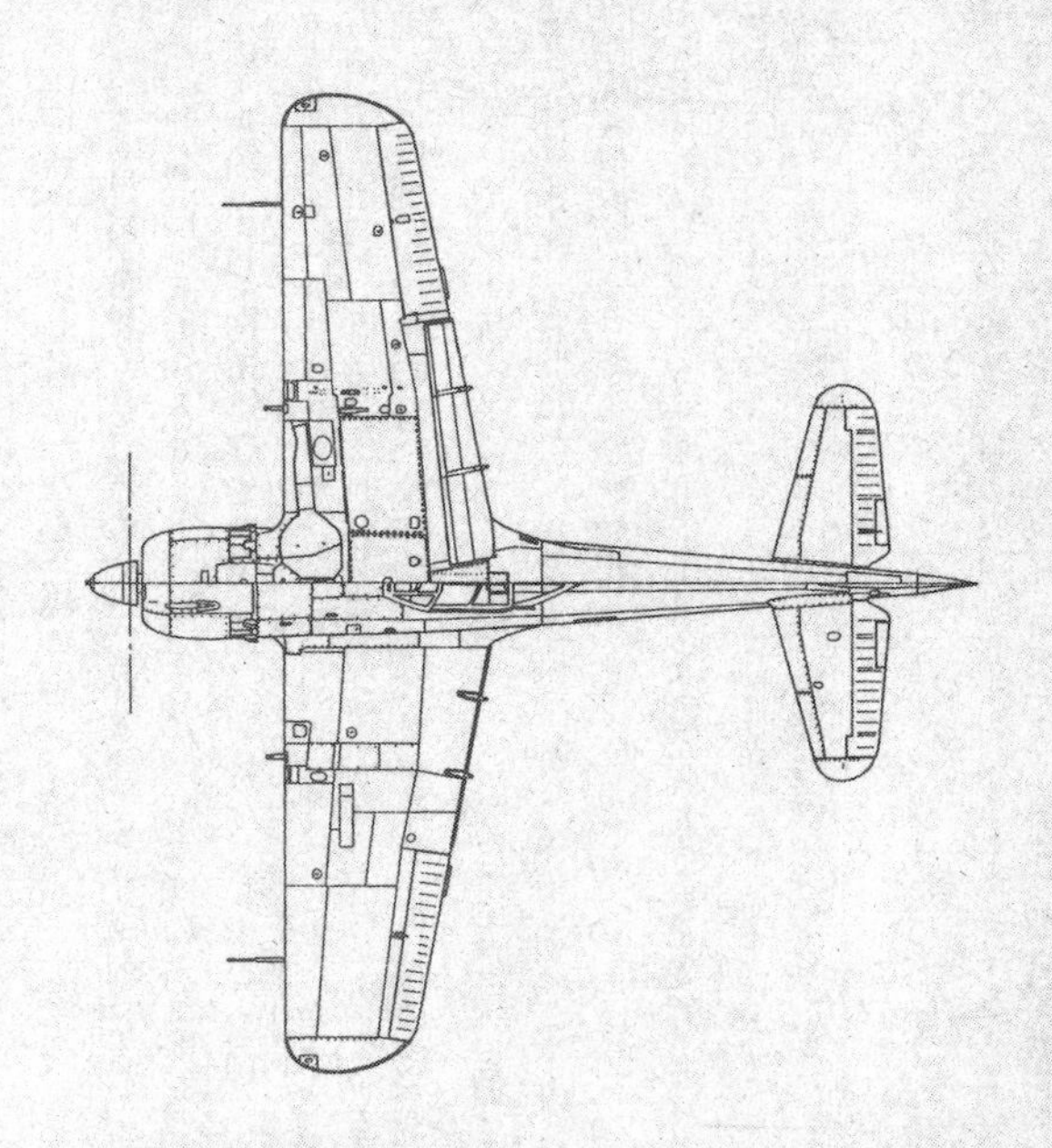

キ84 四式戦闘機「疾風」
全長：9.74m　全幅：11.238m　全高：3.385m　主翼面積：21㎡　自重：2680kg　全備重量：3890kg　翼面荷重：185kg/㎡　発動機：ハ-45、1860馬力　プロペラ：定速4翅(直径3.1m)　馬力荷重：1.95〜2.19/HP　最大速度：624km/h(6500m)　上昇力：5000mまで6分26秒　実用上昇限度：12400m　航続力：1600km　武装：12.7mm×2＋20mm×2または20mm×4、または20mm×2＋30mm×2、爆弾30〜250kg×2

親切に指導してくれたし、同じ構造班の菅沼とはよく気があって一緒に下宿するほどの仲だったから、仕事に不安はなかった。

せまい戦闘機の胴体内に、電装関係、燃料タンク、酸素ボンベをはじめ各種装備品を押し込もうと、スペースの激しい奪い合いはあいかわらずだったが、構造的には、操縦席まわりの骨のとおし方、主翼との結合部などの強度計算をとくに丹念にやったほかは、キ43、キ44などの経験を踏襲すればよかった。

外観上とくに変わったのは、風防（キャノピー、キ84構造説明書では風よけとある）だろう。

軍による図面審査、そして第一次実大模型審査、第二次とすすみ、第三次実大模型審査で最後の手なおしや設計変更が決まったのは、昭和十七年十一月十七日だったが、風防をこれまでのキ43やキ44と同じ前後スライド式にするか、Ｍｅ109のように横開き式にするかについては、未決定事項として保留になった。

このときの審査には、陸軍から航本の清水中佐、岩宮少佐、布袋少佐、審査部（十月の航本、技研の大編成替えで、飛行実験部から航空審査部にかわった）のキ84担当荒蒔少佐、岩橋少佐らが立ち合った。

審査が終わり、広い工場の奥のベニヤ板でつくられた実大模型の前で荒蒔や岩橋が一服していたとき、清水中佐が荒蒔にたずねた。

「この試作機を何機つくったらいいかね？」

とっさに指を一本立てて目の前につき出した荒蒔に、真意をはかりかねた清水は首をかしげた。

「百機。十機じゃなくて百機ですよ。増加試作機をまぜてね」

「フーン」

「そうすれば、飛行審査中の改修もスムーズにすすみますし、部隊戦闘の研究もはやくやれます。数が多いから機種改変も順調にゆくでしょうから、第一線にはやく使えますよ。それに何よりも、工場がはやくマスプロ（量産）に移行できますからね」

「そうか、試作機百機か」

清水中佐は、まだ腑におちない面持ちだったが、結局は荒蒔の提案が容れられ、増加試作機を百機つくることになった。もちろん、わが国では前例のないことだったが、外国でも当時開発進行中のボーイングB29くらいしか例はなかったのではないか。

この第三次木型審査では後日談がある。審査で保留となった風防の開閉方式について決定を求めるため、中島から担当者が福生の審査部に出向いたとき、思いがけない出来事にぶつかった。

　おりしも、荒蒔少佐が川崎のキ61試作機をテスト中だったが、全速飛行を開始した直後に風防がつぶれ、視界を失って、かろうじて着陸するという事故が発生した。その風防は、増加試作第十三号機だけに取り付けたメッサーシュミット式の横開き風防で、剛性不足が原因だった。

「ピスト（指揮所）の方から大勢が走り出してきた。そして両翼に数人が駆け上がって、座席に押しつぶされている私を心配そうにのぞき込んだ。

『どうしたんですか』

『どうもこうもない、それよりはやく引っ張り出してくれ』

『操縦者のいない飛行機がひとりで滑走してくるので、どうしたんだろうと、みな驚いてとんできたんです』

『風防がこわれて、どうすることもできなかったんだ』

『もうすこし辛抱してください。すぐ引き出しますから』

　風防がこわされ、やっとの思いで頭を持ち上げられるようになった。みなにとり囲まれながら事故の状況を説明し、ピストに帰ると、キ84の設計技師が待っていた。まずいときに来たものだという格好だった。

『あの……、84の風防のことですが、前後移動式にするか、それとも横開き式にするか、荒蒔さんに決めてもらうよう言われて来ましたので』
『もちろん、スライド式（前後移動式）さ。あれを見てくれ』
川崎の技師も、小さくなって、あとからピストに入って来た。
こんなわけでキ84の風防は決定されたが、一つの人命をかけた貴重な実験は議論の余地がなく、つぎの時代の方向を決定する鍵となって技術の進歩がもたらされる」（荒蒔義次、雑誌「丸」より）

こうしてキ84の風防型式は決定したが、キ84の風防は同じスライド式でもキ43やキ44とは違った構造となった。

キ43、キ44の風防は、全体が前後にスライドする方式だったが、風防を開けたまま突っ込むと、風圧で押されて前にスライドして閉まってしまうことがあった。このため、事故が発生して脱出しようと風防を開けて前部風防の枠に手をかけたとたん、勢いよく前方に移動してきた風防で手をつぶされ、脱出できずに殉職するという悲惨な出来事があった。通常飛行ではそれほどでもないが、脱出するような状況では、飛行機はたいてい突っ込んでいるから、このような状態になりやすい。それに、いざというときに風圧で開かなくなり、座席内に閉じ込められて脱出不能となったこともあった。

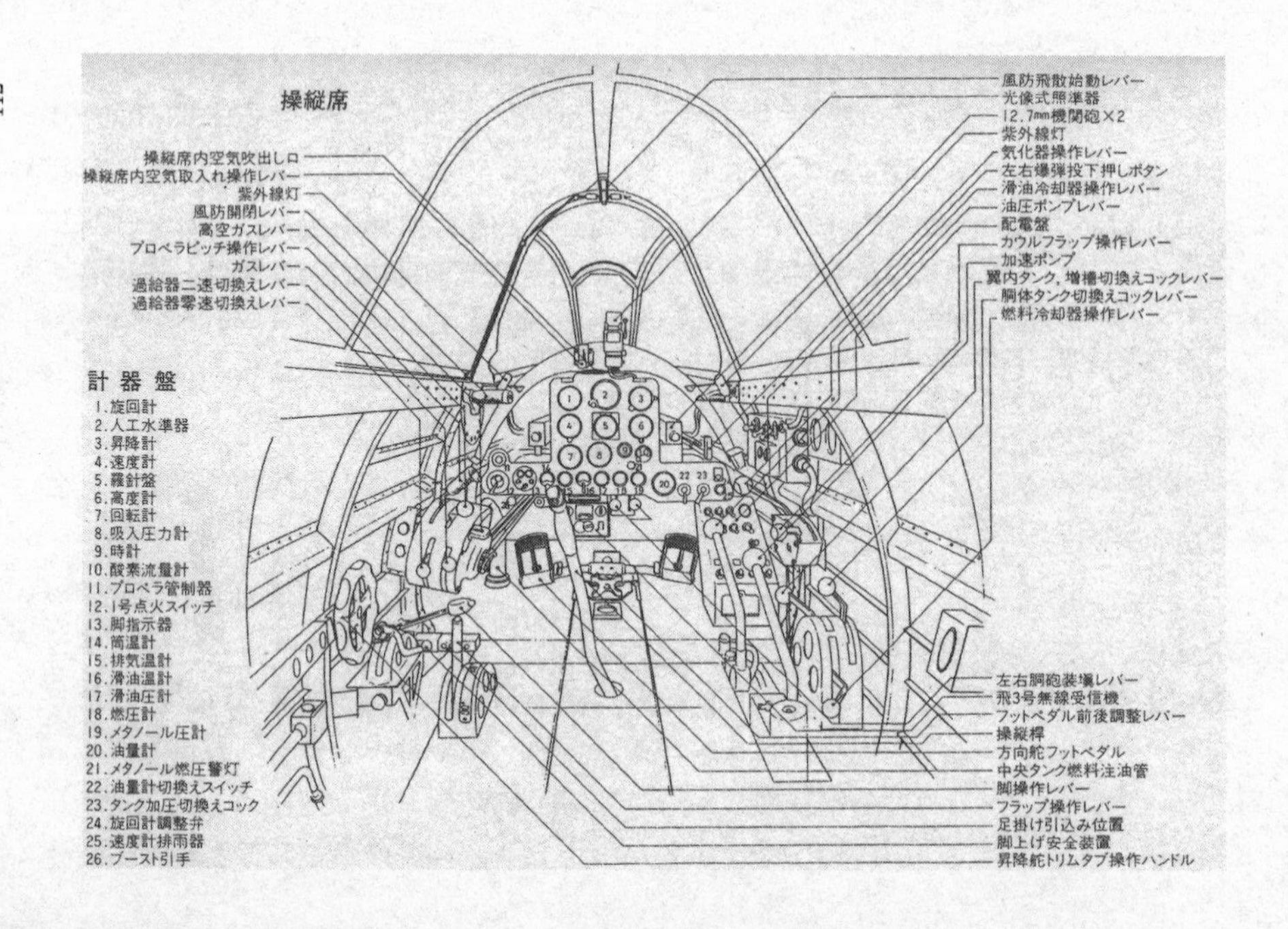
操縦席
操縦席内空気吹出し口
操縦席内空気取入れ操作レバー
紫外線灯
風防開閉レバー
高空ガスレバー
プロペラピッチ操作レバー
ガスレバー
過給器二速切換えレバー
過給器零速切換えレバー
風防飛散始動レバー
光像式照準器
12.7mm機関砲×2
紫外線灯
気化器操作レバー
左右爆弾投下押しボタン
滑油冷却器操作レバー
油圧ポンプレバー
配電盤
カウルフラップ操作レバー
加速ポンプ
翼内タンク，増槽切換えコックレバー
胴体タンク切換えコックレバー
燃料冷却器操作レバー
計器盤
1.旋回計
2.人工水準器
3.昇降計
4.速度計
5.羅針盤
6.高度計
7.回転計
8.吸入圧力計
9.時計
10.酸素流量計
11.プロペラ管制器
12.1号点火スイッチ
13.脚指示器
14.筒温計
15.排気温計
16.滑油温計
17.滑油圧計
18.燃圧計
19.メタノール圧計
20.油量計
21.メタノール燃圧警灯
22.油量計切換えスイッチ
23.タンク加圧切換えコック
24.旋回計調整弁
25.速度計排雨器
26.ブースト引手
左右胴砲装填レバー
飛3号無線受信機
フットペダル前後調整レバー
操縦桿
方向舵フットペダル
中央タンク燃料注油管
脚操作レバー
フラップ操作レバー
足掛け引込み位置
脚上げ安全装置
昇降舵トリムタブ操作ハンドル

横開き式は、こうした苦い経験から試みられたものだが、これも駄目とあっては、やはり前後移動式でやらなければならない。そこで風圧の影響を少なくするため、風防を途中で分割して中央部だけスライドするようにした。水滴型風防としては、海軍の零戦などがはやくからこの方式を採用していたが、陸軍もキ84でようやくこの方式になった。欠点はスライド部が薄い逆U字型の構造であるため、左右方向の強度が弱くなることで、川端は、この補強に苦労した。

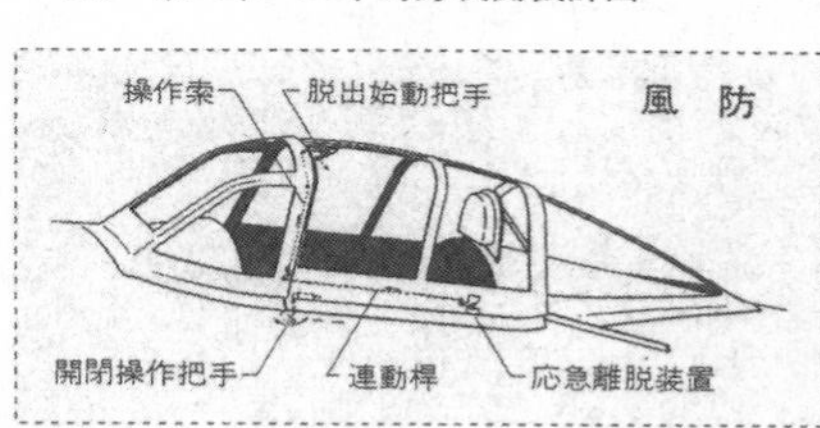

水滴型風防でも全体がスライドするP51ムスタングD型やフォッケウルフFW190などは、緊急時に風防がはずれて吹きとぶ装置をつけていた。これにならってキ84にも、はじめて風防上部に緊急脱出用の離脱装置ハンドルが取り付けられた。したがってキ84の風防は、前部、中央可動部、後部の三部分となり、四十度傾斜した前部風防の正面は、七十ミリ厚の防弾ガラスが使われた。これは七、八枚の強化ガラスを接着したものだが、のちに潜水艦でドイツから運ばれて来たフォッケウルフFw190のものにくらべ、透明度の点でどうしてもおよばなかったという。ほかの部分はすべて五ミリ厚のアクリル板（プレキシガラス）が使われている。

操縦席の防弾が本格的に考慮されるようになったのは、キ44からだった。この防弾鋼板については、木村少佐がまだ技研にいた（当時は技師）昭和十四年ころから、さかんに研究していた。彼は防弾鋼板に使う鋼鉄の材質、厚さ、弾丸の種類、射距離、弾丸のあたる角度などの関係を系統的に実験し、どんな防弾鋼板がもっとも有効かをしらべた。この結果、キ44には十三ミリ厚のＴＡＨＡＲＤ滲炭鋼が使われることになった。実験段階では鋼板だけでなく、重量軽減の目的から、ジュラルミンやＥＳＤ（零戦ではじめて使われた住友金属の超々ジュラルミン）で表面硬化したものまでテストしている。このときの規格では、距離百メートルから防弾鋼板に対して直角に三発撃ち込むことになっていた。

キ84の防弾鋼板（防楯鋼板とよんでいた）は、上下に分割されて座席の後方に取り付けられ、上部に頭当てがあった。取り付け孔はボルトの直径より大き目にあけて緩衝ゴムを入れ、焼きの入った堅い鋼板が、しめつけられたときの歪(ひず)みで割れないようにしてあった。

なお、海軍の零戦がパイロットの防弾を実施したのは、昭和十九年秋に出現した五二丙型（Ａ６Ｍ５Ｃ）からで、それも前部が五十五ミリ厚の防弾ガラス、背中の部分が八ミリ鋼板であった。エンジン出力の向上が望めなかった零戦には、これが限界だったのだ。

「隼」「鍾馗」の善戦

この辺で、少しばかり目を戦う第一戦に転じてみよう。

開戦と同時に飛行第五十九、六十四の両「隼」戦隊は、四十機そこそこの少数機でマレー半島上空に進撃した。そして爆撃機隊を護衛した五十九戦隊の隼は、はやくも敵戦闘機の撃墜を記録した。六十四戦隊と敵戦闘機との本格的な空戦がおこなわれたのは、ややおくれて十二月二十二日となったが、隼は強く、十一機を撃墜した。敵はいずれも、アメリカからイギリスに輸出されたブリュースター・バッファロー戦闘機だった。

はじめて相まみえる米英の第一線戦闘機に対し、一式戦隼がどの程度通用するかについて、陸軍でも最初はあまり確信がもてなかったようで、十二月二十三日に開かれた技研課長会議では、極秘の大東亜戦争情報としてつぎのように報告されている。

「撃墜　マレー方面　百二十
　　　フィリピン　四十九

ホンコン　十六
計　百八十五

戦闘機はバッファロー、カーチスP40、ブリストル・ブレニムで、戦闘力はキ43（隼）と同等。こちらが慣れてくれば勝てるだろう」

撃墜の過半数は、主として隼によるものだが、「慣れてくれば勝てる……」という慎重な評価が、〝予想外〟な隼の活躍に対する戸惑いを示していた。

十二月二十三日、九七重爆六十機、九七軽爆二十七機は、九七戦三十機の掩護のもとにラングーン空襲に向かったが、スピットファイア戦闘機隊のはげしい攻撃にさらされ、九七重爆六機を失ったほか、被弾機多数という手痛い損害をこうむった。スピットファイアは前方から編隊射撃による攻撃をかけ、下方に反転する戦法だったので、とくに爆撃機の前方射手が多くやられたらしい。

スピードにまさるスピットファイアに対抗するには、九七戦ではもはやどうにもならないことが、誰の目にもあきらかとなったので、マレー作戦に参加していた六十四戦隊を急ぎ転用することになった。一日おいて二十五日、二回目のラングーン空襲に重爆隊を掩護して出動した二十五機の隼は、恨みのスピットファイアをふくむ敵戦闘機十機を撃墜し、隼強し、の声価はますますたかくなった。このあと敵機は、隼の姿を見ると恐れをなし、空戦を避けてかかってこなくなったという。

その結果、十七年一月二日の技研会報では、「キ43活躍、今のところ戦果大いにあがる」に変わり、さらに二週間後には、「一式戦（キ43）充分信頼せり。エンジン充分、機体強度、注意すればしわなど発生せず」となって、ようやく陸軍航空部隊のエースとしての信頼をかちとることとなった。

開戦当初、日本軍に鹵獲されたブリュースター・バッファロー戦闘機。運動性能の劣っていた本機は、隼に圧倒された。

開戦劈頭（へきとう）の山下兵団の船団掩護に長い足の偉力を示した隼は、二月におこなわれた落下傘部隊のパレンバン降下作戦でも、爆撃隊および輸送機隊に同行して大殊勲をたてた。

降下予定日に先立ち、二月六、七、八、そして十三日と、隼は新鋭の九七重爆二型を掩護してマレー半島のカハン基地からスマトラ島パレンバンまで片道一千百キロの長距離進攻をやってのけた。そして十五日には、輸送機隊を掩護して降下作戦を成功させた。この作戦ではじめてハリケーンに遭遇したが、敵は隼によって制圧され、日本軍の降下作戦を妨げることはできなかった。

パレンバン攻略にひきつづいておこなわれたジャワ航空撃滅戦でも、加藤中佐（十七年二月十九日進級）の隼戦闘機隊は完全に敵を制圧、この作戦でわが航空部隊が敵にあたえた損害は、二百五十機にのぼった。

一式戦隼の活躍に対し、増加試作機九機で編成された坂川敏雄少佐（陸士四十三期）の率いる独立飛行第四十七中隊のキ44は、サイゴンで整備と訓練に日時を費やしたため、年内は活躍の機会がなかったが、十七年一月十五日に、中隊の黒江保彦大尉（のち少佐、戦後航空自衛隊）がバッファロー一機を撃墜して初陣をかざった。

その後、ビルマに進出したキ44の独立飛行第四十七中隊は、ようやく真価を発揮、敵のハリケーンに対し、速度、格闘性、武装のいずれの点でもまさり、二十機のハリケーン群の中にわずか二機で突っ込み、たちまち二機を墜とすという胸のすくような戦果をあげた。

この戦闘で敵は、ヨーロッパ戦線で用いられた二機ごとのロッテ戦法で対抗しようとしたが、突っ込みの余勢をかって七百キロの快速で回避するキ44を捉えることは不可能だった。メッサーシュミットＭｅ109に習った重戦による一撃離脱戦法を実施し、その威力を日本戦闘機隊が体験した初の空戦であった。

　太平洋戦での陸軍航空作戦は、三月末で第一段の作戦を終わったが、当初の予想を上まわる大成功で、マレー、ビルマ、蘭印（今のインドネシア）、インドシナ（今のベトナム）方面であげた戦果は、撃墜破一千五百三十九、鹵獲二百三、飛行場攻撃による撃破二百四十六で、わずか三ヵ月余りの間にほぼ二千機に達し、この間わが損害は二百五十八機であった。

　この文句なしの活躍に、駄目だといわれたキ43、あれほど嫌われたキ44に対する認識はすっかり変わり、航空本部は両機の生産に馬力をかけることに方針をかためた。

　三月三十日、第一線の状況を視察して帰った航本の野田大佐は、技研でおよそつぎのような講演をおこなった。

「戦闘機は速度万能でもよい。キ43とハリケーンは同程度である。ハリケーンは七・七ミリ十二梃だったが、七・七ミリでは効果ない。ハリケーンに攻撃された一〇〇式司偵に百発あたったが、墜ちなかった。したがって飛行機を墜とすには、破壊するのではなく焼くという考えがいい。この点、焼夷効力の大きい十三ミリは現地で評判がよかった。

　スピットファイア、ハリケーンは、防弾がよく火がつきにくいので、燃料タンクを狙わなければならない。

キ44については、操縦性をよくしてもらいたい。空戦フラップは不要である」

これらの戦訓が、キ43二型およびキ44の量産型に反映されたのはもちろんだが、キ44とまだ机上の計画段階にあったキ84の性能向上問題にまでおよんだ。

連合軍の反攻はじまる

隼は、一個戦隊が九七戦の二個戦隊に匹敵するといわれるほど信頼され、気がかりだったキ44もどうやら見なおされ、このままいけば軍にとっても中島にとっても万々歳だったが、四月に入ると快よい戦勝気分に冷水を浴びせるような出来事があいついで起きた。

その一つは、機種改変いらい隼のよき理解者として、つねに最高の性能を引き出し、「加藤隼戦闘機隊」と歌にまでうたわれた第六十四戦隊長加藤建夫中佐の戦死であり、もう一つは、米空母から飛びたった爆撃機による最初の日本空襲だった。今にして思えば、このころまでが日本軍にとっての最盛期であり、これを境に以後、連合軍側に戦いの主導権が移っていったのかもしれない。

日本本土の南方六百五十カイリ（約一千二百キロ）の洋上から空母ホーネットを飛び立った十六機のノースアメリカンB25ミッチェル爆撃機は、分散して日本各地に爆弾を投下したのち中国沿岸に不時着し、一部はソ連領に降りた。昭和十七年四月十八日のことであった。完全な奇襲だった。空襲の被害そのものはたいしたことはなかったが、敵空母をみすみす逃して東京を空襲された海軍、侵入してきた敵機に一矢も報いることができなかった陸軍——軍部の受けた衝撃は大きかった。新鋭機はみな前線に出てしまい、残っているのは旧式機ばかりで、空の防備はがらあきという虚をつかれた陸軍は、マレーからビルマに転戦していたキ44の独立飛行第四十七中隊を帝都防空のため急ぎ呼びもどした。だが、内地出発時に九機あった中隊の勢力は、わずか三機に減っていた。

スピットファイアとともに英国を代表する戦闘機ホーカー・ハリケーン。太平洋戦争では日本の戦闘機に苦杯を喫した。

このあとさらに、日本にとってもっと痛烈なダメージが待っていた。六月五日、ミッドウェーを攻撃したわが連合艦隊は、「赤城」「加賀」「飛龍」「蒼龍」の主力空母四隻、三百二十二機の艦上機と多数の熟練パイロットを失い、それまで連戦連勝だった無敵日本軍の神話は無残にも打ちくだかれた。だが、この敗戦は、〝強襲〟という美句によって隠蔽され、一般国民には真相を知らされなかった。

連合軍の本格的反攻がはじまったのは、この年の八月七日であった。日本海軍が飛行場を設営中のガダルカナル島に米軍が上陸を開始してからで、翌八日の第一次ソロモン海戦を皮切りに、ソロモン、ニューギニア方面の激烈な消耗戦に突入した。

このころ、同盟国であるドイツは、ソ連と北アフリカの両面作戦で手いっぱいの有様で、日本もドイツも相手の援助など思いもよらなかったが、それでも潜水艦による技術交流だけは、ほそぼそとおこなわれていた。陸軍がドイツの新鋭戦闘機フォッケウルフFw190と戦闘爆撃機メッサーシュミットMe210の輸入を決めたのもこのころで、この両機が日本にとって最後の輸入機となった。

九月にはキ44が二式単座戦闘機「鍾馗」として制式が決定、ながい間のまま子あつかいに終止符が打たれた。

十月六日、航空技術行政の一大刷新、大拡充をめざして、三年半ぶりに航空本部および技研の編成改正がおこなわれた。この改正の直接の動機は、山下奉文使節団のドイツ帰朝後の企画であり、技研は研究に専念したいとする技術者側の要望からでもあった。

技術者たちにとって、飛行機の審査などは雑用であり、会社と軍の間の取次役にすぎず、こんなことをやっていたのではなにものをも産み出すことはできないというのが、それまでの強い不満であったわけだ。この結果、直接飛行機の審査を担当する少数の技術者と飛行実験部を合わせて航空審査部として独立し、航空技術研究所の第一部から第八部が、それぞれ航空技術研究所として組織が拡大された。また、一部の技術者は航空本部に新しくできた技術部に編入されて、技術行政を担当することになった。

一年前の技術将校制度の変革で技師から軍人になった木村昇(航技、のちに技術少佐は、技研からこの航本技術部に移った。

審査、研究、行政の三機関が独立したことは、これらの相互間の密接な連絡と全体的な運用がうまくいけば、きわめて能率があがるはずだったが、お役所的な縄張り根性と協調性にとぼしい軍人の本質からして、結果はかならずしも満足すべきものではなかったようだ。

むしろそれぞれが独立したことによって、航本技術部は実施部隊から軍事に暗い無能力な技術者の集団と見なされ、技研は第一線機の故障対策や発展が本来の業務であることを軽視し、基礎研究にふけろうとしたり会社に指示を乱発したりする悪弊を生じた。審査部は試作機の審査に加えて新機種の取り扱い、整備教育などをやるべきなのに、戦局悪化とともに独自に新兵器研究をはじめるなど、てんでに無統制な方向に走ったというのが実情であった。

そしてこれらのしわ寄せは、いつも民間会社がこうむって生産は混乱し、試作機の完成はおくれがちとなった。

第四章　奇蹟のエンジン「誉（ほまれ）」

遅れていたエンジン開発

キ84の機体設計は、中島設計陣のそれまでの豊富な戦闘機設計の経験から快調に進んでいたが、これに装備するエンジンの開発は、機体のようにはいかなかった。

機体にしてもエンジンにしても、外国の模倣（もほう）あるいはデッドコピーから出発した日本の航空技術ではあったが、機体設計の自立化にくらべるとエンジンの方はかなり遅れていたからである。

たしかに、隼や零戦に搭載された中島「栄（さかえ）」や海軍九六式陸上攻撃機や陸軍百式司令部偵察機に搭載された三菱「金星」などは、性能的にも信頼性の面でもすぐれたエンジンだった。しかし、これらのエンジンは一千馬力級であり、現用機の性能向上はもとより、これから開発しようという飛行機には明らかにパワー不足だった。

そこでインターセプターとしてキ43のつぎに開発された陸軍キ44には最大出力一千二百六十馬力の中島ハ41を、同じ目的の海軍十四試局地戦闘機「雷電」には一千四百三十馬力の三菱「火星」一三型が搭載された。

このあと計画される戦闘機は、当然ながらそれ以上のパワーがあるエンジンを必要とする。

昭和十六年末に計画が始まった中島キ84がそうだったし、キ84に少し遅れて十七年四月に計画がスタートした海軍のA7（三菱、のちの烈風）もまた然りだった。ところがこの時点で選択の対象となる二千馬力級エンジンは、三菱、中島両社の試作機が、やっと陸海軍のテストに合格するかどうかという段階だったのである。

対する敵国のアメリカはといえば、キ84の計画がスタートする半年以上も前の昭和十六年（一九四一年）五月六日に、初の二千馬力級エンジン、プラット・アンド・ホイットニイR－2800ダブルワスプをつんだ陸軍のリパブリックXP47B戦闘機を飛ばせている。しかも、すでに高空で威力を発揮する排気タービンまで装着していたのだ。

このXP47は、まもなく〝X〟が取れて制式となり、翌年四月にはヨーロッパ戦線に出場し、続いて同じく陸軍の双発戦闘機ノースロップP61ブラックウイドウや海軍のチャンスヴォートF4Uコルセアなどもダブルワスプをつんで出現した。

この頃、四番目の二千馬力級戦闘機となるグラマン社のXF6Fヘルキャットはまだ試作機が飛んでいなかったが、すでに計画が進んでいた改良型のF6F－3の量産を五月二十三日に発注している。

一方がこれから開発スタートというほぼ同じ時期に、他方はすでに実戦投入もしくは量産化決定というこの大きな違いは、飛行機計画の遅れもさることながら、それ以上に大きなエンジン開発における日本の決定的な差を示している。

キ84や海軍のA7の計画が始まった時点で、選べる二千馬力級エンジンとしては、試作中の中島る号NK9H「誉」と三菱MK9Aがあった。キ84では、文句なしに自社で開発中の「誉」（陸軍呼称ハ45）の採用を決定していたが、キ84より四ヵ月遅れてスタートした三菱の海軍A7烈風は、計画段階で自社のMK9Aを採用するか中島のNK9H「誉」にするかでもめた末、海軍の指示でキ84と同じ中島の「誉」に決まった。

この「誉」は日本で最初に実用化された二千馬力級エンジンとして、キ84や烈風をはじめ多くの新鋭機に装着され、日本の命運を担うことになったが、その開発から実用化にいたる道のりは、資源に乏しく、しかも技術後進国の日本が、精いっぱいの背伸びをして世界の水準に追いつこうとした苦難の連続にほかならなかった。

ここでしばらく、そのハ45「誉」の開発の過程を追ってみよう。

十四気筒から十八気筒へ

真っ赤な冬の太陽が雑木林のかなたに沈み、武蔵野にしてはめずらしく木枯らしのない静かな夕べだった。仕事を終えて会社の前のバス停に佇んでいた中川良一技師（のち日産自動車専務）は、うしろからエンジン（当時は日本語で発動機といった）設計の小谷課長に声をかけられた。

「中川君。栄(さかえ)を十八気筒にしたら、すばらしいエンジンができると思うんだが」

「え？」

とっさのことで中川技師は返答にとまどったが、このひと言が、やがて画期的なエンジン「誉(ほまれ)」を生み出すきっかけとなり、大げさにいえば、戦争末期の日本の空軍力を左右するほどの重大な運命の岐路（わかれ道）となった。昭和十四年十二月末のある夕方のことであった。

昭和十四年といえば、エンジンの設計や研究試作をやっていた中島飛行機荻窪工場（現日産自動車荻窪事業所）は、活気にあふれていた。

昭和九年につくった複列十四気筒エンジン「栄」の評判がよく、陸軍の試作戦闘機キ43（のちの隼）や海軍の十二試艦上戦闘機（のちの零戦）に採用されたのをはじめ、九七式艦上攻撃機には「光」エンジンにかわって搭載されるなど、ぞくぞくと陸海軍の新鋭機につかわれようとしていた。そんななかで、若い中川の毎日は、多忙のうちにも技術者としての希望に満ちていた。

奇蹟の発動機と呼ばれた「誉」の設計主任・中川良一技師。

昭和十一年に東大の機械科を卒業した中川は、クラスメートの水谷総太郎（のちスバル興産監査役）といっしょに中島に入社した。配属はともに荻窪工場の技術部だったが、中川は設計課、そして水谷はエンジンの性能・機能試験、性能向上、飛行実験などをやる第二研究課と仕事の内容はわかれた。

さて、小谷課長から宿題をあたえられて帰宅した中川は、さっそくこの問題について考えてみた。技術者にとって、新しいテーマをあたえられることは何よりの喜びだ。あれを想い、これを思うと、まだ形のない新エンジンへの期待と不安が入りまじり、かつてない興奮をおぼえた。

十四気筒の「栄」を十八気筒にしても、シリンダー容積の合計、すなわちエンジン排気量は18／14倍だから、約一・三倍にしかならない。ところがこれから計画するエンジンともなれば、最大出力は二千馬力を目標としたい。「栄」の最大出力は一千馬力そこそこだから、単にシリンダーの数をふやしただけでは、とても出力二倍増は達成できない。

いっそエンジン全体を大型にしてしまえば、設計はらくだ。しかし、エンジン直径を小さく押さえることは、空気抵抗が少なくなるから機体設計上きわめて有利で、エンジン、機体ともにコンパクトになることは飛行機の最大要件である軽量・小型・強馬力の理想にぴったりなのである。それに、シリンダーのボア（直径）とストローク（行程）を同じにすることは、エンジン設計上もっとも基本的かつ予測のむずかしい、シリンダー内部の燃焼プロセスについて「栄」で勉強した経験を生かせる利点もある。

では、一・三倍の排気量で二倍の出力をかせぎ出すには、どうしたらいいか？

ここで賢明な読者ならすぐに気づかれると思うが、同じ排気量のエンジンで出力をかせぐには、吸気圧を上げ吸入空気量を増し、エンジン回転数をふやし、さらに圧縮比を上げて燃焼効率を高めることだ。つまりこれらの諸数値を、従来の常識をこえて高めるしかない。

基本的な諸元をいちおう仮定し、簡単な性能推算をやってみると、なんとか二千馬力は可能という結果が出た。翌朝、出社した中川は、小谷課長に前夜の検討の顚末(てんまつ)を報告するとともに、この企画に対する自分の熱意をも語った。

小谷は、入社した当時、温泉町でおこなわれた新入社員歓迎の一泊旅行で、幹事が「夜が明けるまで飲んでくれ」と挨拶(あいさつ)したのに乗じて、ただひとり飲み明かし、翌朝、起きてきてびっくりする先輩たちに、「夜どおし飲めと言われたから、そのとおりにしました」と答えて、ケロリとしていたという豪快なエピソードの持ち主だけに、大学を出てまだ三年目の若い中川に、このむずかしいエンジンの設計をまかせた。それには「中川ならやれるだろう」という期待と、個人の能力だけでなく、技術部全体の組織の総合力に対する信頼もあった。

社内名称「ＢＡ11」と呼ばれる新エンジンは、こうしてスタートすることになった。だが、いざ取りかかってみると難問は山ほどあった。

外径の増加なしに十四気筒のクランク・ケースに十八個のシリンダーを取りつけることは、前列のシリンダー群の吸気および排気管の配列と、後列シリンダー群の冷却を工夫すればなんとかなると考えていたが、それがどうやら生やさしいことではないことがわかった。

十四気筒の場合は、七個のシリンダーが星型に等間隔に並び、この七気筒星型が前後二列になっている。後列のシリンダーは、冷却のために、前列シリンダー群の中間に顔を出すようになっている。十四気筒の場合は、シリンダー間隔が大きいから、後列のシリンダー冷却に必要なすき間が充分にあるが、十八気筒になると九個ずつの二列だから、シリンダー同士がいちじるしく接近し、十四気筒の場合にくらべ、後列の冷却空気の導入や吸排気管の配列が非常にむずかしくなる。それに、「栄」の最高回転数は、せいぜい二千八百回転どまりなのに、気筒数をふやして三千回転にすると、果たしてクランク軸受け、主接合棒大端部のケルメット軸受けがもつだろうかなど、考えれば考えるほど不安の種はつきない。

「誉」型の木型模型(モックアップ)がつくられ、設計室に持ちこまれたのは、しばらくしてからだった。それからは、うす暗い設計室の片すみで、おそろしくシリンダー間隔のつまったエンジン模型を前にして、じっと考えこむ毎日となった。中川は設計主務者として、前後シリンダーの間隔、クランク軸、クランクピンの太さからクランク・ケースの直径、したがってエンジン外径などの基本的な寸法を決めなければならない。

中川が全体のレイアウト構想を練る一方では、研究課の各研究グループによる基礎実験が並行してすすめられた。とりあえず、性能向上、燃焼効率研究のため「栄」が供試機としてとりあげられ、圧縮比を少しずつ変えてみたり回転数を上げるなどして基本データをつかみ、冷却や潤滑の予備実験やキャブレターから各シリンダーへの均一な混合ガスの配分など、付随するさまざまな問題に対して、ひとつひとつ実験がくり返された。

こうして積みかさねられたデータが設計課にフィード・バックされ、新エンジンのおよその仕様が決まった。総排気量は「栄」の二十八リッターに対して三十六リッター、最高回転数は二千七百五十回転／毎分から三千回転／毎分に増加したが、エンジン直径は、「栄」の一・一五メートルから一・一八メートルと、わずか三センチ大きくなっただけだった。このことは、当時の水準からすれば画期的なもので、もしこれが成功すれば、日本のすべての飛行機の性能が大幅に改善され、外国機にまさるであろうことは明らかであった。

しかし、新エンジンの開発に打ちこむ一方では、これから先、エンジンをつくるのに必要な金属材料や、高性能に見合う良質のオイルや燃料が果たして確保できるであろうかという懸念が、黒い霧のように中川の念頭を去らなかった。

「誉」の前身である「栄」発動機は中島が作った傑作エンジンで、陸海軍を代表する隼と零戦に搭載された。写真は量産中の隼。

昭和十五年暮れ、海軍は中島で進められていたこのエンジンの計画を採り上げ、正式に十五試「る」号、NK9の名称をあたえた。当時の海軍航空技術廠長は、すぐれた技術行政家として令名たかい和田操中将だった。その和田中将がこの年の六月、調査のため中島飛行機荻窪工場をおとずれた。このとき、中島の関係者たちは、彼らがもっとも懸念していたエンジン用材料と燃料の確保について、和田中将に確約を求めた。

和田は、新エンジンの企画の優秀さを認めるとともに、必要な資材は全力をもって確保することを約束した。この言葉は、中島の技術陣にとって最大の激励となり、中川もこれで心おきなく仕事に打ちこめる、と安心した。

事実、海軍は戦争になった場合の良質燃料の入手困難を見こし、のちに優秀な航空機用燃料精製所を建設し、戦時中も九十一オクタン以上の燃料をどしどしつくった。余談ではあるが、陸軍はこのことについてはまったく蚊帳の外におかれ、戦争が終わるまで、その恩恵にあずかることがなかったという。

新機種の開発で大切なことは、試作機を完全な実用機に育て上げることである。当時、〝玉成〟という言葉がつかわれたが、戦争につかわれる武器であれば、いかなる酷使にも耐え、どんな条件下でも充分な性能を発揮できるものでなければならない。そこに、学問的雑音や論文的悠長さは許されない。そして、さらに苦しかったことは、時間的制約があるから、やり直しのきかない一発必中の設計でなければならなかったことである。

クランク軸、クランクピンの直径、主接合棒、副接合棒などの、いわゆる主機の寸度がつぎつぎに決定されていった。これで「る」号エンジンの設計は、堰せきを切ったように進捗していったが、クランクピン直径の決定は中川をひどく悩ませた。なぜなら、クランクピンを太くすると、主接合棒の大端部が大きくなり、クランク・ケースが大きくなることを意味する。それにともなってエンジン外径も大きくなり、正面面積は二乗の割合でふえる。クランクピンを太くするか、できるだけ細くしてほ

隼と同じ「栄」発動機を用いた零戦は中島の小泉工場で転換生産され、三菱より数多く作られた。写真は製作途上の零戦。

かの可能な技術的解決法によるべきか、チーフエンジニアにとってもっともむずかしい意志決定に際して中川は後者をえらんだが、これがあとで余裕のないギリギリの設計だなどと批判される原因ともなった。

のちに主接合棒大端部のケルメット軸受けの焼損で、中島エンジン技術陣の総力をあげて対策に没頭したとき、「せめてクランクピンの直径をもうわずかでもふやしてやることができたら」と中川をなげかせたが、クランクピンの直径は最後まで変更されなかった。

戦後、中川はこう述懐している。

「エンジンの直径を極力小さく押さえるという至上目標の前には、このクランクピンの強度不足などの問題にしても、別の方法、すなわち材料をかえるとか、断面形状を工夫するなどのやり方で解決しなければならなかった」

しかし、安易な方法ばかりを選んでいては、技術の進歩も性能の飛躍的な向上も望めなかったことも事実だった。何よりも日本の乏しい国力でアメリカに立ち向かうには、知恵を絞って限界設計に挑む方法を取らなければならなかったのは、機体でいえばあの零戦と同様であった。

設計が進むにつれて、このほかにも難しい技術上の決定や妥協の関門をいくつもくぐり抜けなければならず、設計の理想と現実の技術力および生産技術上の障害のいたばさみにあって、中川はこれまでにない辛苦を体験した。

当時の中島飛行機の新機種開発システムは、機種別ではなく機能別に編成されていた。この点はエンジン部門でも同様で、荻窪工場の技術部は、関根隆一郎技師長のもとに設計課、第一研究課、第二研究課の三課で構成され、設計課は実際のエンジン設計、第一研究課は燃焼、潤滑、冷却などの基礎実験から材料、燃料、オイルなどの研究、第二研究課はエンジン補機の開発、試作エンジンの育成、性能向上、飛行実験などが担当になっていた。

設計課は、小谷課長のもとに主要運動部、シリンダー、過給器（スーパーチャージャー）、駆動装置、補機などのグループにわかれ、それぞれ若手の技師がキャップとなって、各種のエンジンをつぎつぎに設計していた。

いくつものエンジン設計が、多少のずれをもって並行して進行するわけだから、一機種については、だれかが専門のまとめ役をやらなければならない。「る」号エンジンについて、いわばこうした調整者(コーディネーター)の役を命じられたのが中川で、他社でいえば何々設計チームをひきいる設計主務者に相当する。

日本の設計者が外国の設計者にくらべて大きなハンディを負わなければならなかったものに、材料や機能部品の質の悪さがあった。

たとえば、エンジンに多くつかわれているアルミニューム合金鋳物について説明しよう。材質が均一で、熔融状態での湯の流れがよい材料なら鋳造がしやすいから、強度の許すギリギリの薄さまで設計可能だが、材質や鋳造技術に不安があると、どうしても安全を見込んで肉厚をふやさなければならなくなり、重量は増加し、冷却効率は低下する。この点では普通の炭素鋼、特殊鋼、軸受けメタル用のケルメット材料などについても同様だったし、戦争がはじまると、材料不足からしきりに代用材の使用が叫ばれるようになり、その質はさらに低下した。

また機能部品についていえば、マグネットや気化器(キャブレター)、プラグその他の電装品、燃料ポンプ、油ポンプ、パイプ接手、各種ゴム部品などの付属品が、アメリカでは種類も多く信頼性も高かったが、日本では種類も少なかったし、性能も信頼性もはるかに劣っていた。

設計者たちは、こうしたハンディを自分たちの知恵と工夫で補おうと努力した結果、いくつかのすばらしい技術的成果をあげた。

その第一は、エンジン外径をおどろくべきコンパクトさに押さえることに寄与した特殊鋼鋳造品のクランクケースだ。これは、普通のアルミ合金鋳物製にくらべて、うす肉で剛性が高く、このおかげで小型軽量化ができた。反面、クランク・ケース内外をすべて二次加工するため、工数がふえるばかりか材料の歩どまりがわるく、貴重な特殊鋼のスクラップを沢山出す欠点もあった。

もうひとつの成果は、シリンダーヘッドの鋳込み冷却フィンの採用だろう。「誉」級の高性能エンジンになると発生熱量が大きいので、これまでの鋳造冷却フィンでは、間隔があらすぎて充分な空気との接触面積がとれない。そこで、初期には外形いっぱいにむくで鋳物をつくり、あとから自動旋盤でフィンを削り出す方法がとられた。このやり方だと、加工に時間がかかって自動旋盤の台数でエンジン生産数が限定されるという欠点のほか、大量の切削クズが出て材料のムダが多かった。

海軍で「誉」の生産を担当していた中村治光技術少佐（のち石川島芝浦機械株式会

社）は、こうしたロスをへらすべく、冷却フィンの植付法をいろいろと研究して薄いアルミ板を鋳込む方法に成功し、実際に「誉」二一型に採用された。

これはのちに、生産上の理由で普通のアルミ鋳物にかわってゆき、性能低下の原因のひとつとなったが、撃墜されたB29のエンジン（ライトサイクロンR－33）がやはり鋳込みの冷却フィンを採用しているのを見た中村少佐は、「技術者の考えることは、洋の東西を問わず、たいした差はないが、そのアイディアを生かす技術ならびに工業力のちがいをまざまざと感じた」と述懐している。

エンジン出力を増大する方法のひとつに、ブースト圧の増大がある。ブースト圧というのは、シリンダーに入る直前の混合気の圧力のことで、この圧力が高くなれば、シリンダー内に押し込まれる混合気の量がふえてエンジン出力は増大する。マイナス百五十とかプラス二百といった表現がつかわれているが、周知のとおり一気圧は水銀柱七百六十ミリで、この絶対圧七百六十ミリをゼロ・ブーストと称し、これより高い圧力をプラス、低い圧力をマイナスで表わしている。

「誉」では出力増大の手段として、このブースト圧をプラス五百まで上げた。「栄」が最大出力で二百、離昇出力でもせいぜい三百五十どまりであったことを思えば、たいへんな飛躍だ。当然、シリンダー温度が上昇して異状燃焼（デトーネーション）が起こりやすくなるので、

▽ハ45「誉」11型発動機の側面写真。△「誉」発動機の背面。直径1180ミリ、重量850キロ、世界で最もコンパクトな高性能2000馬力エンジンだった。

質のいい燃料がほしい。ところが、当時得られたのは、せいぜい九十一オクタンだから、どうしてもデトーネーションは避けられない。そこで、アルコール噴射をして異状燃焼を押さえては、ということになった。

はじめはエチル・アルコールをつかって成果を確認したが、何ぶんにも高価なので（当時はアルコールに飢えた人間が飲みたがった）メチル・アルコール（メタノール）に切りかえ、さらに水を加えて半々に薄めて使用した。戦争の終わりころには水だけの実験もおこなわれたが、「誉」は設計の当初からメタノール噴射を取り入れた最初のエンジンであった。この効果はめざましいものがあり、九十一オクタン燃料でも百オクタン燃料に匹敵する性能を引き出すことができた。

エンジンの円滑な運転を期するためには、オクタン価の高い燃料を使う必要があるが、それにもまして必要なことは、各シリンダーの燃料濃度、吸入混合気の量の均等化である。すなわちデストリビューション（配分）がよくなくてはならない。燃料の薄いシリンダーがあれば、真っ先にそのシリンダーから異状燃焼が起こるからだ。したがって「誉」の性能向上のためには、十八個のシリンダーのデストリビューションをよくすることが必要であった。

試作エンジンの性能向上、燃焼などの問題担当は、設計の中川と同期入社の水谷総太郎技師の属する第二研究課の仕事だったが、試作エンジンの改良は、大変更を許されない。それは、はじめからのやりなおしを意味し、時間的にも不可能なことだったから、まずいところはアイディア的な改良によって解決するほかはない。

一般に星型エンジンでダウンドラフト（上方）型気化器のものは、下側シリンダーが濃い混合気になる宿命があるので、このデストリビューションの改善には、ガソリンを上方に持ってゆくことを考えねばならない。このために、過給器の前に、スキーのジャンプ競技の踏み切り台と同じような、「ジャンプ台」と称する上方へジャンプする誘導板をとりつけた。これはなんでもないような考案ではあったが、効果は大きかった。

つぎは、メタノールの分布均等化で、メタノールは、はじめガソリンと同じように気化器（キャブレター）から過給器（スーパー・チャージャー）の入口に流していたが、これでは各シリンダーの量的均等化ははかれない。しかもメタノールは、ガソリンの場合にくらべて少量なので、精密な均等化が必要になる。この難問を解決するために、中川はすばらしいアイディアを考え出した。

メタノールは、ブーストと回転数に比例して量が制御されている。この制量されたメタノールを気化器から過給器の翼車のプロペラ側にある隔型板を通ってメタノールの受け皿に相当する受けリングにみちびき、ここから過給器の空気吸入側に吸引されるようにした。この方法によって、メタノールは翼車の遠心力によって霧化され、配分は均等化されるようになった。

この方法は翼車噴射（スリンガー）と呼ばれ、中川によると、戦後「誉」を調査したアメリカ軍の調査団が、「零戦に匹敵するエンジン側の大発明だ」といってほめたという。

「誉」の出現

中島飛行機エンジン技術部門の努力によって、「る」号エンジンは昭和十五年九月末に設計を終わり、試作に移った。

このころ、国内では理性派の米内光政海軍大将を首班とする内閣が倒れて近衛文麿内閣にかわり、ベルリンでは日独伊三国軍事同盟が調印された。イギリス上空では、メッサーシュミットMe109とスピットファイア戦闘機が、たがいに祖国の命運をになって死闘を展開していた。

日本はまだ参戦していなかったが、陸海軍とも軍備の強化を急ぎ、各飛行機工場は機体もエンジンも生産に拍車がかけられた。

「栄」をつんだ陸軍のキ43は、審査が難行していたが、海軍の零戦は一千キロを飛んで長駆重慶に進攻し、大きな戦果をあげた。機体をつくった三菱とともにエンジンを設計製作した中島に対しても海軍航空本部長から感謝状が贈られ、意気大いにあがると同時に、「栄」を生産するエンジン工場は、フル操業に入っていた。

一台のエンジンを試作するための工数は、何十台あるいは何百台分の量産エンジンのそれに相当する。しかも、経験のふかい優秀な作業員を配置する必要があった。したがって、試作エンジンの加工を現用エンジンの量産部門に突っこむことは、生産の流れを乱すことになり、これは極力避けなければならない。しかし、「る」号は大きな期待がかけられたエンジンである。試作は強行され、夜を日についでの突貫作業がつづけられた。

試作第一号エンジンの完成目標は昭和十六年三月末だったが、会社側の努力と海軍の熱心な協力によって、予定より半月ちかくもはやく完成した。そして、ただちに試運転がはじめられた。

試作エンジンの試運転は、第二研究課が受け持ち、新山春雄課長（のち日産自動車顧問）のもとに水谷ら若手研究課員が張り切って待機していた。

試作エンジンの運転は、普通いきなり燃料を入れてまわすような発火運転はやらない。はじめは電気モーターで空まわしをする。いわゆるモータリングによって、回転部分や摺動摩擦部分のすり合わせをおこなう。「る」号のモータリング運転は、第二研究課の百馬力のモーターによっておこなわれた。当時、モーター・ダイナモメーター（電気動力計）は、この百馬力のものが最大であった。

このモーター・ダイナモメーターは、昭和十二年に、水谷の発案で、たまたまモータリング室を視察に来た中島知久平のその場での直裁で、購入されたものであった。それまでは三十馬力のものしかなく、大きなエンジンに対しては、近い将来役に立たなくなることを見こしてのことだった。

モータリング運転を終わったエンジンは、つぎに試運転台上の発火試運転に移る。この運転も、最初は入念な摺合運転をおこない、ゆっくりと回転を高めていく。台上運転には、エンジンの馬力吸収と冷却空気を送るための、木製四枚翼のプロペラが使用される。このずんぐりしたプロペラ状のファンブレーキはムリネといい、風車を意味する。

ムリネは、軽いものと重いものが多数用意されており、軽いムリネでしか回らないエンジンは馬力が出ないことを表わし、その逆に重いムリネでも馬力の出るエンジンの場合は、軽く回転が高まっていく。

ムリネの吸収馬力は、その回転数の三乗に比例するから、同じスロットル開度で回転数が高いほど、エンジンは高馬力を出していることになる。試作エンジンの場合は、性能が未知数なので、設計でねらった性能はわかっていても、果たしてどこまで馬力が出るかわからない。したがって、どのへんのムリネで運転してよいか選択に迷う。このムリネの選択は、もっぱら過去の経験に頼るしかない。

モータリング・テストの場合は、エンジンは外力（モーター）によって回されるので、エンジン自体の性能はわからないが、発火運転になると使用ムリネの回転数対吸収馬力曲線がわかっているので、性能はかなり明確につかむことができる。

最初の発火運転のときは、愛児をいたわる母親のようないつくしみと細心の注意をはらってエンジンに点火する。とくにスタートは、ショックなしに低回転からスルスルと始動されなければならない。この日、田無運転工場の防音運転室には、多数の関係者がつめかけていた。エンジンがスタートすると、食い入るように見つめていた関係者の間から、期せずして大きな拍手が起こった。その中にはもちろん、中川も水谷もいた。

試作エンジンの最初の発火運転は「火入式」といって、関係者は杯をあげて互いにこの日までの労をねぎらい、エンジンの前途を祝う。飛行機の「初飛行」に相当する行事で、一人一人が技術者の誇りと喜びを、肌で感じるときである。

発火摺合運転につづいておこなわれたムリネ試運転の結果も良好であった。いわゆる毛並みのよいエンジンとして誕生したことを意味する。エンジンは発火運転の当初で、前途有望であるか多難であるか見当をつけることができる。「誉」の前途は洋々たるものであることを、誰もが感じていた。

モータリング・テストと台上発火運転の終わったエンジンは、いよいよ本格的性能試験に移される。馬力計測にはフラウド・ダイナモメーター（水動力計）が使用される。田無運転工場のフラウド・ダイナモメーター室の試験台に「誉」が取り付けられ、いよいよ三千回転、ブースト五百ミリに挑戦する日を迎えた。

エンジンのフラウド性能試験には、エンジン冷却は別の電動ファンによって起こされた空気がつかわれる。この風洞の空気出口のところに、エンジンを取り付ける。冷却空気の量が大きいので、フラウド室は開放室に近いもので、特別な防音壁は設けていない。このためエンジン馬力が大きくなるにしたがって、騒音も室の内外をとわず大へんなものになる。

馬力計測のとき、室内の計測者は、この騒音とエンジンの振動と排気による空気振動に悩まされる。のちにフラウド室を防音室にし、二重ガラスの窓ごしに運転するようにした会社があったが、中島飛行機では、最後まで、エンジンと技術者が直接触れ合うことのできる、防音壁のない一室主義を貫いた。

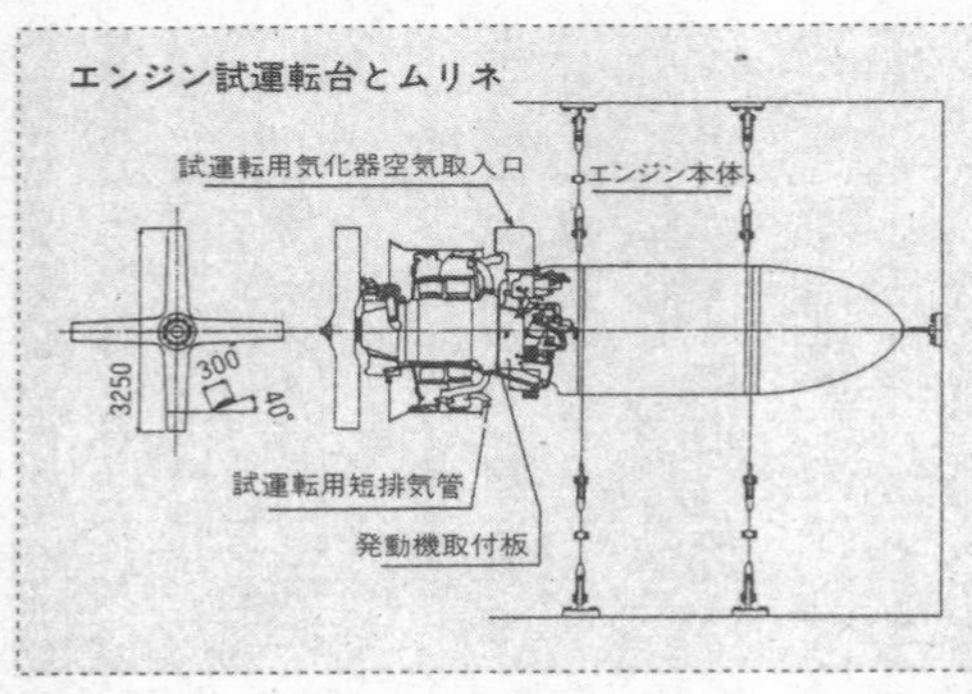

いわゆるスキンシップで、これなくしては、エンジンは育たないとする考え方であり、この重労働の職場で、技術者を守るものは、耳栓のみだ。脱脂綿にパラフィンをしみこませただけの耳栓をして、フラウド室に入った。エンジンがスタートすると、冷却風の音とエンジンの轟音で何も聞こえない。言葉による連絡ができないので、筆談か手まねになる。数字の伝達は、株式市場の場立ちとまったく同一

の指表示が使われた。

エンジン馬力を制御するスロットルレバーは、エンジンから一メートルも離れていない至近距離で、エンジンの運転状態をいつもよく見られる場所にしてある。しかし手前側しか見えないので、のちに相撲の優勝額ほどの鏡を反対側にとりつけた。もしエンジンに不調が表われたときは、間髪を入れずにスロットルを絞り、回転を下げなければならない。監視の技術者は、要所要所に野球の審判よろしく配置されているが、この連絡にたよっていたのでは、実際は間に合わない。したがって、スロットルレバーをとる者は当日の最高責任者であり、最高指揮者である。

その日、スロットルレバーをとったのは、第二研究課の新山春雄課長であった。そしてその背後には、輩下の研究員全員が、緊張と不安と期待の瞳を輝かせていた。フラウド・ダイナモメーターを操作する作業員が配置についた。エンジンは、スロー運転から徐々に回転数を増していく。マイナス五百、マイナス四百五十ミリと、五十ミリごとにブーストを上げ、順々に計測されてゆき、大黒板に計測値が書き込まれていった。

ゼロ・ブーストまでは誰もが安心していたし、摺合運転の延長ぐらいにしか思っていなかった。しかし、ブーストがプラスの領域に入ると、さすが高性能エンジンの片鱗が見えはじめた。爆音がいままでになく力強く胸を打ってきたし、出力は上々で、予想性能曲線の上にぴったり乗っている。

やがてブースト三百五十ミリ、二千八百回転まで上がった。「栄」で経験したのはここまでで、これから先が未到の境地となる。エベレストの頂上を百メートル先に見ながら、それを極めることができなかった登山家たちも多い。中島のエンジン技術者たちもまた、その頂上――「誉」のブースト五百ミリ、三千回転にあと少しのところまで達したのだ。

緊張が一段と高まる中に、いよいよブースト五百ミリ、三千回転に入る。

〈エンジンよ、壊れないでくれ……〉

祈るような気持で、フラウド・ダイナモメーターのウエイトが積み増しされた。

「準備完了!」

もちろん強大な爆音にかき消され、声は聞こえない。手を上げての合図だ。

新山課長のにぎるスロットルにより、ブーストと回転数がじりじりと上がって行く。と見る間にブースト計測員の手が上がった。かねての打ち合わせどおり、ブーストの水銀柱が五百ミリに達した合図だ。ほとんど同時に、回転計測員の手も上がった。回転数もまた三千回転に達したのである。

「やった！」

何ともいえない感動が、胸を突き抜ける。この瞬間、それまでエンジンの運転状況や燃焼状態ばかりを見つめていた水谷技師は、瞳を一瞬、スロットルレバーを握る新山課長の顔に移した。そこには、日頃の温容とはうって変わった。緊張の極に達した侵しがたい新山の顔があった。

しばらく最大ブーストによる運転を続けたあと、新山は用心深くスロットルレバーを戻して行き、壮大な実験の余韻を惜しむかのようにエンジンを止めた。

誰もが急いで耳栓を外した。回転をとめたエンジンは、それまで発していた轟音がウソのように静まり返っていた。しかし、耳栓をとおしていや応なしに侵入する爆音に圧迫された耳が、火のようにほてった。

試運転は成功だった。ついに実用の大出力航空エンジンとしては前人未到の高ブースト高回転を達成し、しかもエンジンは壊れなかった。誰もが興奮し、互いに祝福し合ったが、それがあとに続く長い苦難の始まりになろうなどとは、思いもよらないことだった。

「誉」の馬力計測は、成功のうちに所期のデータを集計することができた。しかし、残念なことに、ブースト五百ミリ、回転三千（ｒｐｍ）は達成したものの、最大出力は目標とする二千馬力に達しなかったのである。

そこで前述したジャンプ台、メタノール噴射の改良、圧縮比の強化など、燃焼改善や性能向上のための手がつぎつぎに打たれた。ところがこれらの試験運転をくり返しているうち、飛行機の離昇時に相当する高出力運転（事実上最大出力となる）で、シリンダー温度が急上昇するといういやな現象が現われるようになった。

これは異常燃焼の結果起きたものと判断されたが、想像ではなくそれを実際に確かめる必要がある。

航空エンジンでは一気筒につき点火プラグは前後二本あるが、高いブースト圧で押し込まれたシリンダー内の空気が、二本のプラグで点火されたあと、どんな過程を経て燃焼するのか。そしてクランク角が何度になったとき異常燃焼が起き、そのときの燃焼圧力はどうなっているのだろうか。

この解明は第二研究課の領分だが、水谷は設計担当の第一研究課に協力してもらってオッシログラフによる指圧図（エンジンの燃焼室圧力のグラフ）計測をおこなった。

実物エンジンによるオッシログラフ計測はこれがはじめてだったが、ブラウン管に写し出される指圧図から、明らかに異常燃焼（異常爆発、デトーネーション）であることがわかった。

対策として、今の自動車エンジンでやるような点火進角を遅らせたり進めたり、バルブタイミングを変えたりしたのをはじめ、考えられることはすべてやってみたが、なかなか実効は現われなかった。

キ84のエンジン部分。「誉」のシリンダーヘッドの冷却フィンは薄板を鋳込んだもので、フィンが密着したように見える。

一方、燃焼理論上の問題として、混合気のスワールがいい出された。スワールとは、シリンダー内の混合気の渦流のことで、スワールの強いほど燃焼がよいとされている。このスワール理論は、最近では、自動車の排気ガス公害問題や、燃料消費節減問題などでクローズアップされ、さかんに使われるようになっているが、決して新しいことではなく、航空エンジン技術者の間では、はやくからとり上げられていたのである。これは余談であるが、燃料消費量にしても、航空エンジンでは低燃費のものが多く、「誉」も経済燃費二百グラム／馬力／時であったことを思えば、現在の地上エンジンも、もう一工夫の必要があるのではないか。

苦難の空中実験

高出力運転時の筒温（シリンダー内部温度）上昇によるデトーネーションという難問にてこずりながらも、「誉」の地上での性能試験はやがて最終コースの耐久運転にかかった。

記録によると、組み立て完成が昭和十六年三月十五日、第一次運転および性能運転完了が三月末、そして第一次耐久運転終了が六月末という異例の速さだった。

耐久運転というのは三百時間も連続してエンジンをまわしっ放しにする苛酷なテストだが、その一方では、早くも実用性をためす飛行実験が開始された。

実験に使われたのは、社内名称ＤＢとよばれる複座機だった。この飛行機は海軍十一試（昭和十一年度計画の試作機）艦上爆撃機として愛知航空機と競争試作に応じたが敗れ、不採用となったあと会社に払い下げられ、二人乗りで後席に計測器材や測定員を乗せられるところから、エンジンの空中実験機として、さまざまなエンジンにつけ変えては飛んでいた。飛行実験のエンジン側主務者は、飛行経験の豊富な水谷総太郎技師だった。

彼が最初にこの道に入ったのは入社まもない頃、課長の新山から「気化器のゼロG付近の作動について」という実研研究のテーマを与えられたときだった。

試験に使われる機体は海軍九五式水上偵察機、エンジンは空冷九気筒星型六百三十馬力の「寿」二型改で、この実験機の必要条件は、曲技飛行のできること、複座であることの二つであった。九五水偵は、あらゆるスタント（スタント）のやれる軽快な優秀機であったし、とくに水上機であり、実験場所が霞ヶ浦上空であることも、万一の際の不時着に好都合だった。

気化器をテストするには、ゼロG付近の飛行状態のほか、横転、反転、宙返り、垂直旋回などの飛行をして作動をしらべる。とくにマイナスGの場合は、背面飛行ならマイナス一Gだから簡単だが、プラス一Gとマイナス一Gの中間、ゼロG付近の飛行状態をつくり出すには、逆宙返り（この飛行は当時、パワーダイブとともに禁止されていた）の円弧の一部をとおらなければならない。その何秒かの間に、ゼロGがつくり出される。このときの感覚は、あのエレベーターの下りのときに感ずる不快感の数倍で、この瞬間に、同乗している実験者はエンジンの爆音の変化を聞きわけ、Gメーターを読み、燃料流量計を読まなければならないから、飛行機に酔っているひまはない。

この実験で水谷は、自分が飛行機にめっぽう強い体質であることをさとったし、飛行試験には適役であることがわかった。実際水谷は、当時の技術者のうちでは、パイロットを除いてもっとも多く飛行機に乗った技術者であった。

DB実験機による「誉」の飛行試験は、キ43の試作機などが最初に飛んだ尾嶋飛行場では狭すぎるので、新設の小泉飛行場でおこなわれた。水谷の共同実験者は瀬川正徳技師（のち積水化学顧問）だった。

一日の飛行実験がすみ、飛行後の点検手入れが終わると、その日の飛行結果によって翌日の対策をたてなければならないので、二人の意見が一致しないときは、太田の宿に帰ってから深夜まで議論した。

二人とも大の酒好きとあって、毎晩のように酒を飲んだ。実験がうまくいった夜は祝杯といい、不調だったときはやけ酒と称し、雨の夜は童謡の「てるてる坊主」を歌いながら飲むといった様子に、見かねた新山課長から、「よいっちゃ飲み、悪いっちゃ飲み、飲むのもほどほどにしろ」と叱られた。

しかし、二人にしてみれば、この飛行実験によって一日も早く完全な実用エンジンに仕上げなければならない、という精神的重圧と焦燥感にいつもさいなまれ、酒でも飲んでまぎらすしかなかったのである。

「誉」の飛行実験で明るみに出た事故に、主接合棒大端部のケルメット軸受けの急焼損があった。この故障は、「誉」の試作いらい地上運転では一度も出なかったものであり、耐久運転の進行中の時点でも起こらなかった。

　飛行実験の当初は、エンジンをいたわって低出力で飛行していたが、本格的実験に移ってからは、許容最大出力の実験をした。離陸時には、離昇最大出力のブースト五百ミリ、回転数三千、離陸してからは全力上昇、ブースト三百五十ミリ、回転数三千の状態でいつも飛行していたが、実際に離昇馬力で離陸してみると、「誉」の出力が予想以上に大きいのに驚かされた。滑走がはじまると、かつて経験しなかったほど力強い加速推力で背中が押され、そのまま短距離の滑走で離陸して急角度に上昇していく有様は見事なもので、二千馬力の威力をまざまざと見せつけてくれた。

　飛行実験がすすんでエンジン最好調の時期になったと思ったある日、ケルメットの急焼損という重大事故が起こった。

　実験は順調にすすんでいたし、しかもエンジンは好調であった。それなのに、その日の飛行で離陸直後、主接合棒大端部のケルメット軸受けは焼損した。これはどうしたことであろう?

飛行実験前のエンジン運転に手ぬかりがあったのであろうか？　それとも前回の飛行後の点検手入れに、不備はなかったか？　さまざまな疑念が二人の頭の中を駆けめぐった。

航空エンジンの点検の中で重要な項目の一つに、油漉し（こ）の中の異物の有無がある。とくに「誉」のように高出力で苛酷な条件での運転を長時間続けている実験時にはそれが必要だ。

内部故障の場合は、故障個所の金属がこまかい粉状、片状になって油漉しの金網内にたまる。新しいエンジンの飛行実験の場合は、とくに細心の注意をはらって、漉網中の金属片を一片も逃さないよう、ガソリン槽中で油と分離して、金属片を白い紙の上にならべて一つ一つ点検する。これは実験主務者の重要な仕事の一つだ。

この金属片の点検は、熟練と技術的判断を要する仕事である。金属片の形状によって、製作時の部品洗浄不足による切削粉かどうか判別したり、磁石で鉄系統か銅系統のものかを判断したりする。鉄系のものは大事ないが、銅系のものが一片でもあれば、ことは重大だ。銅色のものでも塗料の片鱗が入っていたりするので、口に入れて嚙んでみたりする。もっとも注意するのは、ケルメット色の片粉が入っていないかどうかだ。ケルメットに剝離を起こしている疑いのある場合は、ただちにエンジンを下ろし、エンジン工場へ運んで分解点検しなければならない。

軸受け焼損の原因について、この重要な油漉しの点検を実験主務者が他人にまかせ、ケルメットの片粉を見落としたのではないか、という疑惑が水谷に向けられた。

ケルメットは前回の飛行から相当焼損しており、それが進行して今回の離陸時に焼けてしまったのではないか、という判断である。しかし、水谷は忠実に、油漉しの点検を、ルールどおり実行していた。前回の点検では、一片の金属も見あたらなかった。だが、ケルメットは焼損した。「誉」のケルメットが、三十秒で焼け落ちたのである。これ以来、ケルメットの急焼損という言葉がしきりに使われるようになった。

この急焼損の原因を究明する一方で、地上実験も飛行実験も続行された。実験機には別のエンジンが搭載され、実験がすすめられた。

ところが、そんな矢先に最悪の事態が起きた。換装したエンジンもまた、離陸直後、ケルメットの急焼損を起こしてエンジンから火を吹き、空中火災を起こしながらかろうじて着陸するという大事故となったのである。

幸い機体には損傷なく、エンジンの大破だけだったが、この事実によって、ケルメットの急焼損は、整備、運転、点検、取り扱いなどのフィールド・エンジニアの分野に属するものではなく、構造的なものではないか、と考えられるようになった。

主接合棒は、大端部に八本の副接合棒がとりつけられており、九つのシリンダーの馬力を集めてクランク軸を回す、いわゆるクランクとロッド機構で、この大端部は、ケルメット軸受けを介してクランクピンに接合している。主接合棒に集まる一千馬力（前後一列あたり）の力は、クランクピンを曲げ、引っ張り、圧縮、捩りなどの複雑な力となって作用し、これを回す大端部のケルメット軸受け部も、それに応じて複雑な反力を受ける。この力によってクランクと軸受けは変形をおこし、均一に荷重を受けるはずのものが、ある部分だけに荷重が集中し、その部分のケルメットがかじりをおこし、全体の焼損となる。ケルメットの急焼損は、こうした過程でおこることがほぼ確実となり、この故障は、クランクピンの剛性不足が主原因であろうと考えられた。

この対策には、クランクピンの直径を太くすればよいことは誰にもわかるが、この段階でこの改造は、新しく設計をやりなおすような大変更になる。

時計の針を逆に回すようなことはできない。ただ前進するしかないのだ。

「誉」は最初、中島飛行機の自主的な企画でスタートしたものであるが、たまたま海軍側の要求とタイミングが一致し、ほとんど中島と海軍との共同作業のような形で開発がすすめられ、海軍航空技術廠（空技廠）発動機部が協力にあたっていた。

海軍側も、この時機になってのエンジン主要部の重大故障に、暗然とした。

ケルメットの急焼損対策は、官民あげて、技術の総力を結集しての血みどろの戦いとなった。最終目的は、ケルメットの焼損を防ぐことではあるが、そのためにクランクピンの直径を増すことは許されない。それは手足を縛られたまま相撲をとれというにひとしく、残された方法は体当たりしかなかった。

材質向上、熱処理改善、表面仕上精度向上、荷重時の変形減少（樽形に仕上げる）など、軸受けに対してはケルメット材質そのものの改良、鋳込み法の改善、バックメタルの強度・剛性向上、ケルメットの面仕上げ改良、ケルメット面の端部テーパー仕上げなど、考えられるかぎりの対策をすべて結集して一応の解決をみた。この諸対策のうちケルメットの改良は、渡辺栄技師（のち日産自動車取締役）の寝食を忘れての努力と卓越した技術の賜物であった。

陸軍は海軍に一歩おくれはしたが、試作一号エンジンの完成もちかい昭和十六年はじめに「ハ45」の試作番号をあたえて陸軍用の試作エンジン一基を発注しており、完成は九月末とした。

中島から陸軍に連絡した「ハ45」の主な諸元は、つぎのようなものであった。

複列　十八気筒

エンジン直径　一・一八メートル
重量　七百五十キロ
出力　一千四百五十馬力／高度五千八百メートル、一千八百馬力／高度〇メートル
ちょうどこのころ、立川の陸軍航空技術研究所では、ハ45級の二千馬力エンジンの使用を前提とした戦闘機の計画が、若手技術将校らの手によって検討されていたが、たまたま基礎設計を担当した近藤芳夫航技中尉が、のちに中島でキ84の設計に加わるようになったのは偶然と言うには、あまりにも運命的である。
この年の十二月八日、太平洋戦争が始まると、すでに活躍が知られていた海軍の零戦（一般国民には名称は知らされていなかったが）に加え、同じく「栄」（陸軍名ハ115）を装備した陸軍のキ43隼戦闘機も、めざましい活躍ぶりを示し、中島エンジンの株は大いにあがった。
だから海軍は、「栄」をはるかに上まわる高性能の「誉」に大きな期待を寄せ、一日も早い実用化を待ち望んでいた。
最初に「誉」を装備することになったのは、略称Y20とよばれた海軍の十五試陸上攻撃機「銀河」（P1Y1）だった。
「銀河」は、空技廠飛行機部の山名正夫技術中佐を主務者として設計された双発三座

の高性能陸攻で、ちょうど「誉」と時期が同じだったため、途中で減速装置や補機類をY20向けに改造した「誉」を装備するようになった。したがってY20は、海軍での「誉」の空中実験機の役をも兼ねることになった。

航空エンジンは、運転台上で正規の連続耐久運転をおこなう。この苛酷きわまる一連の試験運転に合格することが、航空エンジンとなる必須条件なのである。耐久運転に合格しなければ航空エンジンとして認められず、廃品として陽の目を見ないエンジンとなる。耐久運転こそ、エンジンの最終関門なのだ。

「誉」は、ケルメットその他の欠点弱点を改良して耐久運転にも合格し、海軍は昭和十七年九月十八日付の海軍航空本部書信で正式採用として「誉」と名づけ、続いて陸軍は「ハ45」とよぶことになった。

しかし、この耐久試験なるものは、あくまで地上運転であり、各運転状態に対する強度上および耐久上の保証であっても、それぞれ目的の異なる各種の飛行機に搭載して、空中において所期の性能、機能を発揮できるかどうかは、まだ未知数なのである。また、爆撃機に搭載されたときと戦闘機に使用されたときとでは、使用条件がまるで違う。

しかし、爆撃機には使えるが戦闘機には使えない、とはいえない。もちろん、戦闘

「誉」を搭載してキ84と共に飛行テストを行なった海軍の高速偵察機「彩雲」。戦場では敵戦闘機をふり切る速力を誇った。

機のほうが、エンジンとしてはむずかしい条件での運転が要求される。したがって飛行実験は、戦闘機用エンジンを目標とした苛酷な実験となる。

この目的にそって中島社内の飛行実験はそのまつづけられたが、その時期には、すでに「誉」を採用する試作機は、ぞくぞくと計画されていたのである。

海軍機では、先のY20「銀河」をはじめ、愛知の十六試艦爆「流星」、川西の局地戦闘機「紫電」、そして零戦の後継機である三菱の十七試艦上戦闘機「烈風」、中島の十七試艦上偵察機「彩雲」、十八試局地戦闘機「天雷」、十八試陸上攻撃機「連山」などへの「誉」の採用が決定された。

海軍に対して陸軍はやや消極的だったこともあり、昭和十六年度の計画としては、すでに増加試作機が飛んで審査中のキ44と、十七年五月末に第一号機が完成予定のキ82双発高速爆撃機の計画だけで、いずれも中島飛行機の機体であった。

キ44は、先にくわしく述べたように、メッサーシュミットMe109との比較で見なおされた機体で、その性能向上型、キ44三型の計画がさらに発展してキ84となった。したがってキ84は、陸軍で「誉」を装備した最初の機体であり、結果的には、唯一無二の機体となった。

飛行実験で「誉」の性能・機能・性質のすべてを知りつくし、また育成の辛苦をかさねた水谷と瀬川は、試作機がぞくぞくと登場すると、飛行機全体の育成に、機体側技術者とともに試作機の飛行実験に従事した。瀬川は紫電に、水谷は烈風、彩雲、キ84、連山に精魂を打ちこんでいった。

海軍側の主役となって活躍したのは、松崎敏彦技術少佐（のち新東京いすずモーター専務）だった。松崎は東北帝大機械科出身の技術者で、発動機部の中堅であり、天性磊落洒脱（らいらくしゃだつ）、技術的にもスケールの大きい人物であったので、中島の技術者たちも胸襟（きょうきん）を開いて話し合えた。また軍人ではあるが、いつも作業服を着て油にまみれて働いている、いわゆる〝ダーティ・ネービー〟であったことも、中島精神の持ち主たちに親近感と信頼感をあたえ、「誉」を語るとき、松崎の名を決して忘れることはできない。

ハ45エンジンとアメリカ2,000馬力級エンジンの比較

性能諸元＼エンジン名	P&WR-2800ダブルワスプ	ライトサイクロン18	ハ45「誉」11型
気筒数	18	18	18
排気量ℓ	45.9	54.56	35.8
公称馬力（1速）／回転数／高度m	1,800/2,600/2,590	2,400/2,600/1,615	1,670/2,900/2,400
公称馬力（2速）／回転数／高度m	1,700/2,600/4,420	1,600/2,400/3,800	1,500/2,900/6,550
オクタン価	108～135	115～145	91
離昇出力/回転数	2,500/2,800	2,800/2,900	2,000/3,000
最大直径mm	1,342	1,413	1,180
乾燥重量kg	1,084	1,374	830
ℓ当たり出力	54.5	51.4	56
kg当たり出力	2.3	2.2	2.4

陸軍名「ハ45」、海軍名「誉」を、同時期にアメリカで使われていた二千馬力級エンジンとくらべると表のようになる。

これを見てもわかるように「誉」は、この三者の中ではリッターあたり出力とエンジン重量一キログラムあたり出力がもっともたかい数字を示し、高空でほぼ同出力のプラット・アンド・ホイットニイR－2800ダブルワスプにくらべ、排気量は二十パーセントも小さく、重量で二百五十四キロも軽かった。

そのうえ、戦闘機用エンジンとして大切な要素である直径は十六・二センチも小さく、これは正面面積になおすとほぼ二十二パーセントに相当する。

いかに「誉」が小型で軽くできていたかがわかるだろう。しかも、これらの性能が、いろいろな

機材が逼迫（ひっぱく）した悪条件のもとに、九十一オクタンという低質の燃料で発揮されたところに、「誉」がかつて〝奇蹟のエンジン〟とよばれた理由があると思われる。

第五章　期待を担う大東亜決戦機

試作一号機の完成

キ84開発のまとめ役である機体主任には、飯野優技師（のち富士テナント社長）が任命された。

飯野は東北帝大の機械科を出て、昭和十一年に大先輩である小山悌技師長のいる中島に入り、設計ではずっと脚・油圧装置関係をやっていた。技師長から、キ84の機体主任をやれ、といわれたのは十七年の夏、まだ基礎計画の段階のときだった。入社後七年目で、若い技術者の多かった設計室では、飯野はすでにベテランといってよかった。

機体主任としての飯野の仕事は、本職の脚と油圧の設計のほか、各設計専門部門との調整、荻窪工場とのエンジンについての打ち合わせ、軍との連絡などコーディネーターとしての役目もあり、多忙の上にもうひとつ多忙をかさねたような毎日がつづいた。そして、細部設計に入

キ84開発の重要なまとめ役を担った機体主任飯野優技師。

って試作図面がどんどん出るようになると、さらに忙しくなった。

多くの部品図、いくつかの部品の組み立て図、さらにその上の組み立て図といった具合に、飛行機を作るのに必要な図面は何千枚という数になる。しかも試作機の場合は変更がよく出るので、これらをうまく処理し、また工作上の問題が起こったときに、その調整解決をはかるのも飯野の仕事だった。

いくつもある専門班の何十人もの設計課員から出てくる図面は、それぞれの班長の検図を受けてあるが、機体主任である飯野がもういちどチェックし、疑問があれば各班にもどし、なければ技師長に見せてサインをもらう。

小山技師長は、キ84だけでなく、すでに制式となった百式重爆撃機「呑龍」や一式戦隼、二式単戦「鍾馗」(二式として制式になったのは、ほかに川崎のキ45複座戦闘機「屠龍」もあったので、区別するためとくにこうよばれた)などの改修設計、キ82長距離爆撃機の試作設計も見なければならなかったが、肝心のところはこまかくチェックしてサインした。また、しばしば有効なアドバイスをした。その一例に、キ84の脚カバーがある。

実物あるいは写真を見ればわかるが、キ84の脚カバーの前面はかなり厚みがあるように見える。これはカバーの縁を約一センチの幅で折り曲げたもので、ふつうは板の端面のままになっているところだ。脚を引っ込めた場合、厚さ一ミリ程度のジュラルミンの薄いカバーが翼下面にピッタリ合えば問題はないが、合わない場合もある。とくに戦闘機は運動が激しいので、大きなGがかかったとき、引っ込んだ脚が下方に変位してカバーが翼下面から多少はみ出したりする。そうなると、空気抵抗がふえる。そこで、カバーの前縁を折り曲げた形にすれば、カバーの剛性もあがり、翼下面との間に多少の段差があっても空気の流れが脚カバーの内側に入り込まないから、抵抗増加を防ぐことができる。この改修は、小山技師長の実際的なアイディアによるものだった。

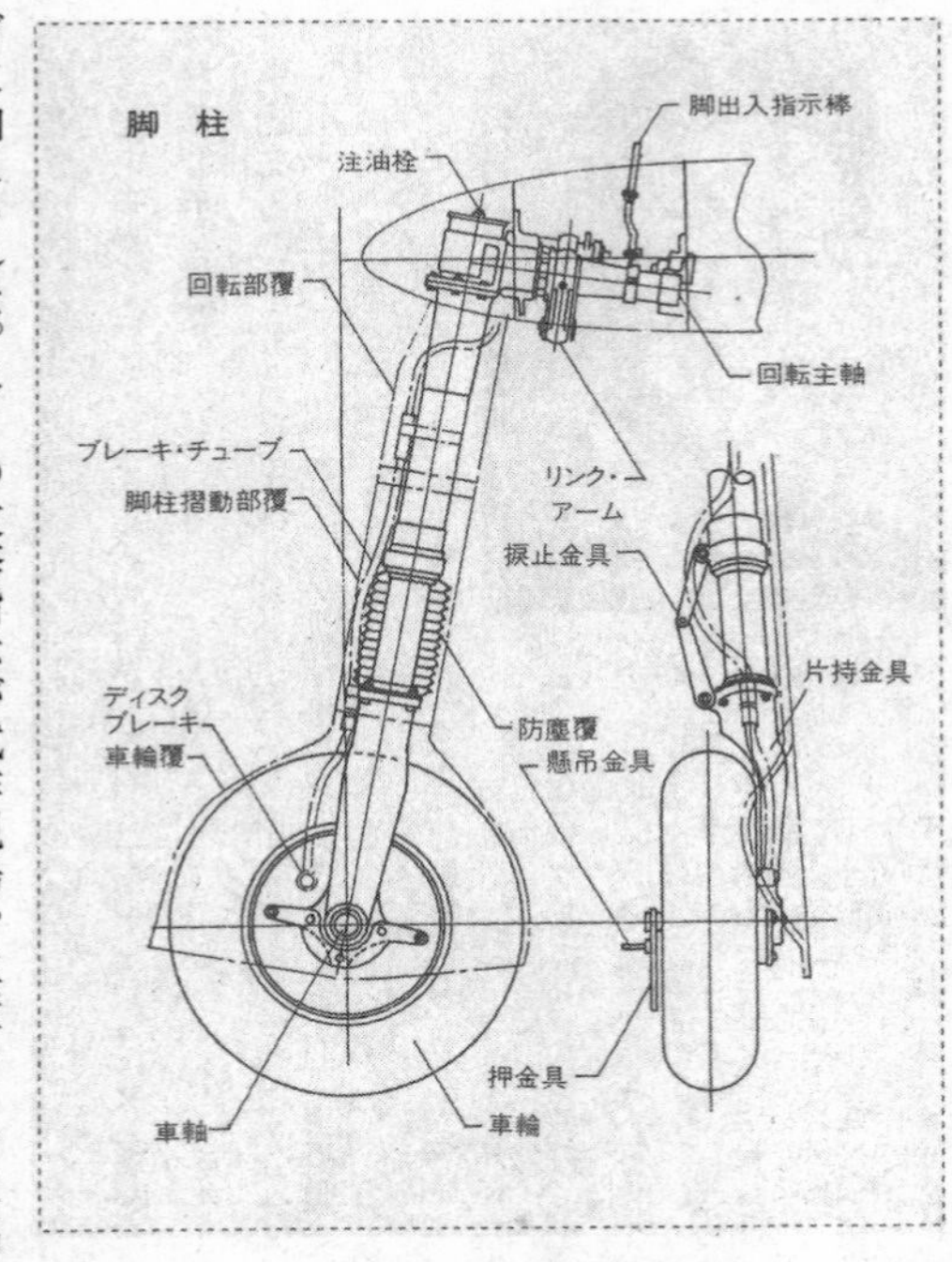

前にも述べたように、キ84は一度に大量の増加試作機をつくったが、これらの試作機には砲装備の強化(胴体十二・七ミリ二門から二十ミリ二門へ、また翼内二十ミリ二門を三十ミリ二門へ)、爆弾、落下タンクの装着のほか、機体各部の試験的改修が、つぎつぎに加えられた。多くの改修指示が試作現場や生産ラインに出された。

これらの改修指示が、現場で混乱をきたさないための工夫も必要だった。どの機体にどの改修を施すかをはっきりさせるため、X装備、Y装備というようにアルファベットの記号をつけたり、エンジン酸素噴射実験機はわかりやすいように㋚とつけたりして、図面の交通整理をやった。これも機体主任の仕事だった。

試作一号機の組み立てがすすむのと並行して、製作機数に加えられないゼロ号機も製作される。

これは、試験飛行で晴れやかなフット・ライトをあびる試作一号機と違い、陽の目を見ることなく破壊されてしまう強度試験用の機体で、実験とほとんど同じに作られる。

ゼロ号機が完成し、昭和十七年暮れから十八年はじめにかけて強度試験がおこなわれた。

空気抵抗をへらすために1センチ折り曲げられた脚カバーの前縁。

強度試験も現在なら、油圧ジャッキをたくさん使ってごく少数の人員でやれるが、そんな設備のない当時は大さわぎだった。機体を裏返しにして台に乗せ、その上に鉛をズックでカバーした「鉛弾」というバラストを作業員がのせていくというやり方である。試験は構造班長の青木技師が総指揮で、機体主任の飯野、構造班の川端、菅沼らが立ち合った。

主翼にかかる荷重は一様ではないから、あらかじめ計算して負荷の図面をつくり、この図面にしたがってバラストをのせる。飛行中の主翼は、飛行機の重量に見合うだけの重さを空中で支えており、この状態を一Gという。飛行機が急旋回や急降下から引き起こす際には、機体に遠心力がかかってこのGが何倍にもなる。つまり、それだけ大きな力が主翼にかかるわけで、キ84ではもっとも激しい飛行状態でのGを六Gと想定した。

強度規定では、安全を見込んで最大にかかる荷重の一・八倍まで耐えられることが要求されている。キ84では六Gの一・八倍の十・八G、すなわち機体総重量の十・八倍まで耐えればよいことになる。

何人もの作業員が、指示にしたがってどんどん翼の上にバラストを積んでいく。はじめのうちは壊れるおそれがないから、積み方も無雑作だが、七G、八Gと危険荷重が近づくにつれ、慎重になる。翼のしなりが目立って大きくなり、今にもバリッといきはしないかと心中おだやかでないが、九Gでもまだこわれない。バラストをのせるにも、「静かに、静かに」と思わず声がもれ、はれ物にさわるようにそっと置く。

ついに危険荷重の十・八Gをこえたが、翼はしなったまま壊れない。これで強度試験は成功だが、さらに試験はつづけられた。今までの緊張は、どこまでもつだろうという興味にかわった。しかし、予想される最大荷重六Gの二倍、十二Gをこえても破壊は起こらなかった。それ以上積んだら、バラストがくずれ落ちる危険があるので打ち切ることになった。

規定の荷重をこえたとたんに壊れるような設計も可能だったが、実戦で命をかけて敵機とわたり合うパイロットたちにとっては、急降下速度制限などはなんの意味もないことを戦訓によって知らされた技術者たちは、あえて規定荷重以上の頑丈な機体にしたのだ。

キ84の主翼面積が最終的に二十一平方メートルに決まり、設計作業が一段落したのは十一月末だったが、それまでにも図面はできたそばから試作工場に送られ、部分的には先行していた。四月の本格的な設計開始からかぞえて約八ヵ月、かなりはやいペースだったが、設計部から図面を受けた試作工場では、これまたおどろくべき速さで作業をすすめていた。九七戦いらい、キ43、キ44とひきつづいて似たような構造をとり、しかも設計的にいよいよ洗練されて、作りやすい構造となっていたことも試作の進捗をたすけた。

軍の担当者たちの中には、約束の期限内完成を危ぶむ者もかなりあったようで、そんな声は中島の関係者たちの耳にも入ってきたが、彼らはかえってファイトをもやした。月に二日の休み——週に二日ではない——も返上して、技術者も現場の作業員たちも頑張った。

そしてついに、約束の期限より半月もはやい昭和十八年三月はじめ、ジュラルミンの肌もまぶしい試作一号機が、太田工場の一隅で完成した。

好調だった試験飛行

太田の冬は天気がいい。その好天が春までつづき、飛行場に引き出された真新しいキ84試作一号機の門出を祝うかのように、雲ひとつなく晴れ上がっていた。風速五ないし六メートル、風もあまり強くない。

昭和十八年四月上旬、試作一号機が工場で完成してから約三週間たっていた。きのうまで機体の整備やエンジン試運転など慎重な準備をかさね、いよいよ初飛行の日を迎えたのだ。飛行機の前には祭壇がしつらえられていた。

小山技師長、太田製作所大和田所長、航本太田在勤所長今里大佐をはじめ技研の安藤中佐、航本技術部の木村少佐、審査部の岩橋少佐、神保少佐、まだ審査部在籍だったテスト・パイロット吉沢鶴寿准尉（のち中島、富士重工）らの顔が見えた。森設計部長以下、設計室の主だったメンバーももちろん、来ていた。

型どおり試作機の無事安全を祈って神主のお祓(はら)いがあり、終わって、飛行の打ち合わせがおこなわれた。普通、試験飛行の前にジャンピング、ホッピングといった、ちょっと飛びあがるだけのテストを何回もやり、舵の利きや飛行機の具合をたしかめるのだが、飛行場がせまいので、それをやるとオーバーランしてはみ出してしまうおそれがあった。吉沢は、昭和八年の下士官飛行学生四十五期の出身、実戦の経験も充分にある飛行生活十年のベテランで、度胸もあれば技量(うで)もたしかだ。ジャンピングなしであがるかどうかは、パイロットの判断にまかせることになった。

エンジンの試運転をやっていた荻窪工場の技師からの「調子よし」の報告で、かわって吉沢が操縦席に乗り込んだ。車輪止めがはらわれ、しずかにタキシングを開始する。いよいよ試験飛行への出発だ。

最初に地上滑走だけでブレーキテストをおこなった。ところが、何回もブレーキを踏んでいるうちに、ブレーキシューが焼けて利かなくなってしまった。これでは離陸

キ84で初めて飛んだ吉沢鶴寿准尉。のち中島に入社した。

はいいが着陸があぶない。慎重を期してこの日はここまでで中止となり、徹夜でブレーキをなおして、初飛行は翌日にもちこされた。

あくる日も前日につづく好天気であった。今度はブレーキも好調である。吉沢は飛ぶ決心をした。滑走路端で飛行機の軸線を北に向け、ブレーキを一杯に踏んでエンジン全開。ややあってブレーキをゆるめると飛行機は轟然と走り出した。操縦桿を前に倒してから徐々にもどして行くと、スピードが速くなるにしたがって尾部があがり、機体は軽く浮きあがった。

翼下に工場の屋根、つづいて太田の家並みがうしろに過ぎ去るのを目の端にとらえながら、高度をとる。左に赤城、向こうに男体山が快晴の空にくっきりと浮かぶ。第一旋回、第二旋回して脚を入れる。機速がグンとあがる。高度三千メートルで水平にもどし、速度をあげる。エンジンの出力が大きいので、小気味よく加速する。速度をおとしてもキ44のような不安定なところはない。

空戦フラップを出してみた。出ない。空気抵抗が多すぎるか？　速度をおとす。スーッと出た。ところが、今度は入れようとしたが入らない。そこはベテラン吉沢、少しもあわてず、しずかに失速(ストール)するまで速度をおとす。フラップは入った。
滞空約三十分。およその感覚をつかんで吉沢は降りて来た。フラップをおろして着陸のアプローチ、だが完全に出ない。ドンと車輪が地面に着いたが、尻が下がらず、なかなか三点姿勢にならない。

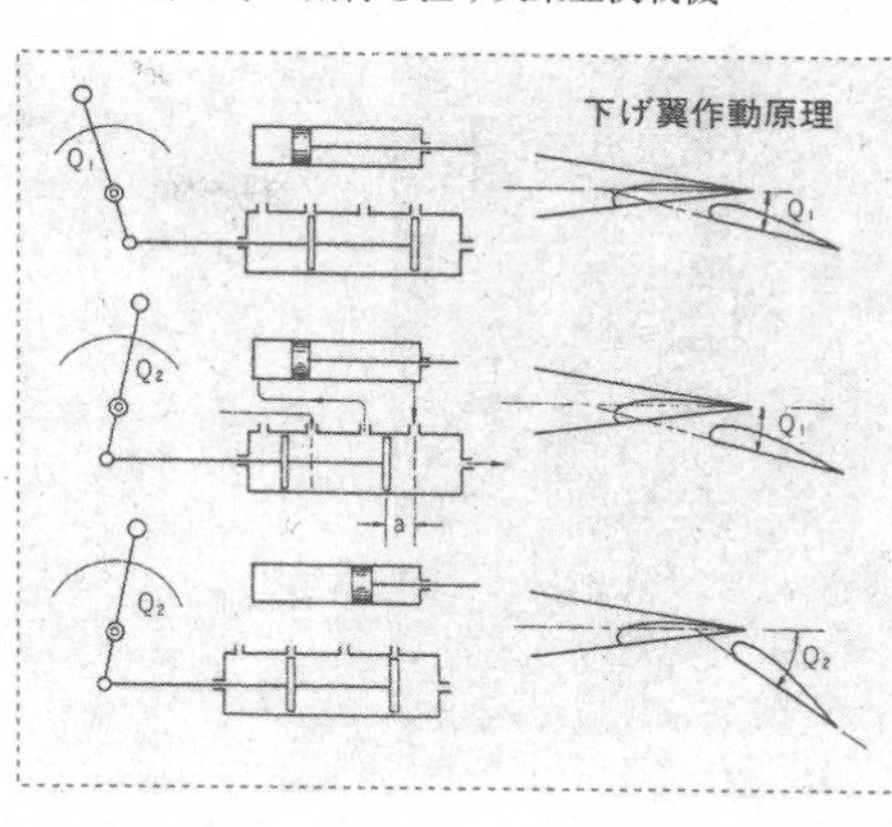

フラップを下げたとき、地面とのすき間がわずかしかないので、プロペラ後流の吹きおろしがかわって、水平安定板を下からあおる結果となったためだ。かなり滑走距離がのびたが、無事初飛行を終えてもどって来た吉沢は、大勢の笑顔に囲まれた。地味で危険きわまりないテストパイロットの、めったにない晴れやかなひとときであった。

ついで岩橋少佐が試乗したあと、すぐ飛行場事務所の二階で吉沢の報告があり、これに対する設計側との討論がおこなわれた。

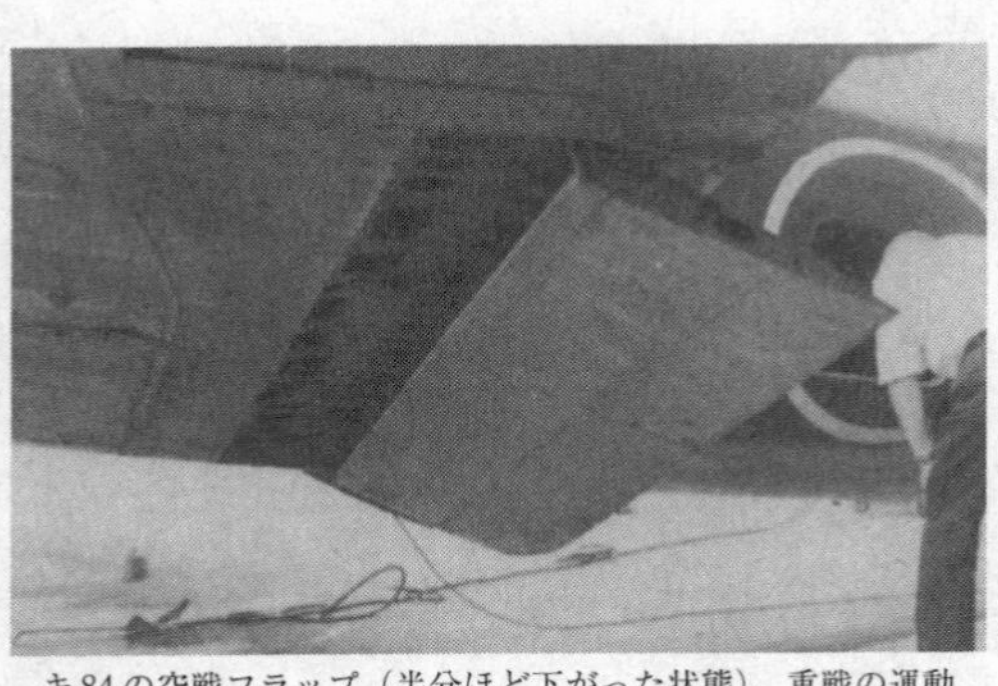
キ84の空戦フラップ（半分ほど下がった状態）。重戦の運動性能向上のためのもので、海軍の紫電改などにも用いられた。

吉沢は初飛行の感想を述べた。

「エンジンの調子も機体の具合も申し分ない。三舵の関係もよろしい。非常にしっとりした、いかにも重戦らしい飛行機である。ただし、フラップは改善されたい」

着陸の際に尾部が下がりにくい点は、あらかじめ予想されたことで、試験飛行前に、空力担当の近藤大尉は吉沢に対し、「フラップをうんと利かせてあるから、尻が下がりにくいかもしれない。そのときは、水平安定板は変えられるよう三種類用意してある。昇降舵も大きいのと変えられるように一つ用意した」と説明してあった。

吉沢は陸軍を除隊してはじめて中島に行ったとき、キ44をやさしくするにはどうしたらいいか、という質問に対し、

一、翼先端を延ばして翼面積をふやす。

二、尾翼面積をふやす。

三、垂直安定板を大きくする、舵も大きく、手ごたえを重くする。
の三点をあげ、相当熟練したパイロットでないと乗れないのは困るから、せめて隼程度にして欲しい、と答えたことがあった。

キ84は、これらの要求がすべて採り入れられていたが、尾翼面積はなお不足だったのだ。もっとも、キ84に限らず、尾翼は面積、位置、形状などその飛行機が完成までにもっとも変更を要する部分の一つではあった。

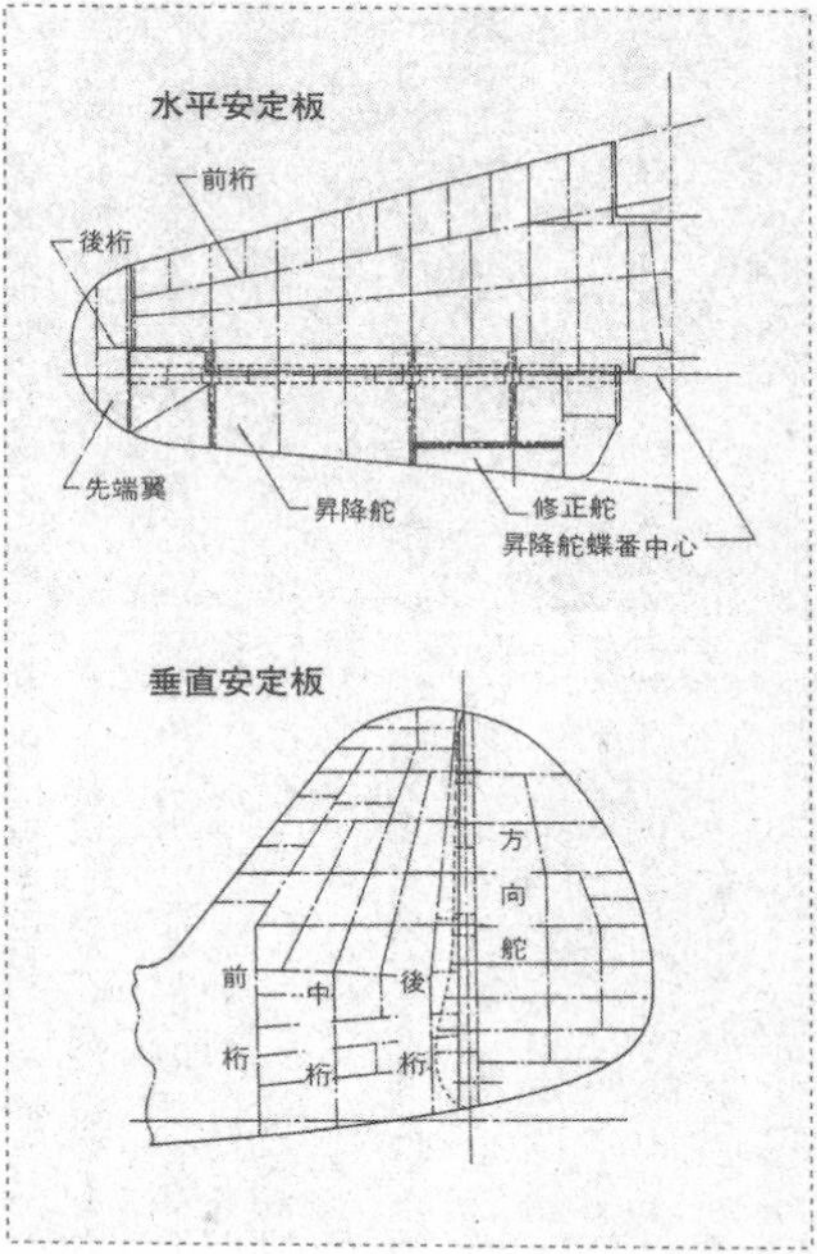

前日の脚ブレーキにひきつづき、飯野の脚・油圧班は格納庫内での徹夜の作業となった。フラップに高速飛行時の風圧に相当する荷重をかけ、出入りのテストをやってみたところ、

フラップを作動する油圧シリンダーの容量が足りないため、速度がはやいと力不足になることがわかった。

着陸時の問題は、はじめ四十度から四十五度くらいまで下げられるようにしたフラップ下げ角を三十五度くらいに押さえるよう、ガイドレールに制限装置をつけることによって解決した。

これで着陸の問題は解決したが、フラップの作動不良は油圧シリンダーをつくりなおさなければならないので、社内試験だけはとりあえずこのまま続行することにした。陸軍側の審査主任を命じられていた岩橋少佐は、まずまずの試験飛行の結果に満足して帰っていった。

フラップの油圧シリンダー容量の向上とともに、吉沢が要求した尾翼の改造も特急作業でおこなわれた。水平安定板と昇降舵もあらかじめ用意してあった大きいものにかえ、垂直安定板も十センチほど前縁をひろげ、方向舵も大きくした。この結果、エルロンが軽く、方向舵と昇降舵が重い外国の戦闘機の感覚にちかい舵となった。

試作一号機による社内飛行試験がつづけられる間、六月には主翼面積を二十一平方メートルに拡大した試作二号機、三号機があいついで完成した。この両機は、一号機にくらべて翼面積をふやしたので翼面荷重もその分だけ低下し、尾翼も改善されたので操縦性はさらによくなり、フラップその他不具合だった点もほとんど改善されていた。さっそく、一、二、三号機が軍に領収されたが、社内試験のため一号機は貸与という形で返してもらった。

福生飛行場での航空審査部による本格的な審査は、行く夏を惜しむ〝つくつく法師〟の声もまばらになった九月十五日からはじまった。

飛行実験部長には、この四月、第一線の飛行団長から帰還した、かつての実験隊長今川一策大佐、そしてキ84の審査には岩橋少佐を主任とし、神保少佐、黒江少佐、伊藤高雄大尉ら、そうそうたるメンバーが当てられた。

新鋭のキ84は、これらの名パイロットたちの操縦で颯爽と飛びはじめた。わずか二年前までは、キ43、キ44をさんざんけなしていた岩橋も、今ではすっかり重戦の価値を認め、むしろ積極的な支持者にかわっていた。

岩橋は、飛行機に慣れるにつれてすこしずつ記録をあげ、秋晴れのある日、ついに第二予定高度六千四百メートルで六百二十四キロの最高速度を記録した。さらに、上昇力は五千メートルまで六分二十六秒、上昇限度一万二千四百メートルという高性能を発揮した。上昇力は五千メートルまで五分以内という要求にはおよばなかったものの、これらの数値は当時のわが陸海軍戦闘機の公式記録としては最高であった。

上昇力の不足は、航続距離の延長、武装の強化など初期の設計条件がかわって十パーセントも重くなり、したがって馬力荷重も同じ割合で大きくなったためだが、懸念された離着陸性能もあまり問題とされず、操縦もキ44と同程度というのが、審査担当者たちの一致した意見だった。

審査のパイロットたちにとって〝歓迎されざる客〟だったキ43やキ44のときとは、うってかわったこの様子に、飛行実験部長の今川は、激しい実戦の要求に敏感に対応する彼らの心を見て深い感慨を抱いた。

ノモンハンの勝利で、格闘戦絶対を叫んだのも彼ら若い戦闘機乗りたちなら、今また南方戦線での死闘の体験からさっそく、火力絶対をとなえるのも、おなじ彼らであった。

現実に目の前に起こった体験だけが、戦闘に勝ち、生き残るすべであることを本能的に知っている戦闘機パイロットたちを、軽戦にとりつかれて重戦への移行をおくらせた当事者と非難するのは当たらない。むしろ、将来を見とおし、彼らを新しい方向にうまく導いてやる見識と能力に欠けた指導者たちにこそ責任があるのではないか。とすれば、いま無条件にキ84に惚れようとしている戦闘機パイロットたちの意見を鵜呑みにしてはならない。

今川は、彼らの邪魔にならないよう、ときどきキ84に乗ってみた。五十歳に手がとどこうとする体で、若いパイロットたちと同じような荒い操作はもう無理だが、航空の先輩として、彼らに聞かれたとき意見が言えるくらいの飛行は経験しておく必要があると考えたからだ。

△脚を引き込みつつ上昇するキ84。▽フラップを完全に下ろし、着陸態勢についたキ84。昭和18年9月、戦場が苛烈さを増すなか、航空審査部による本格的な審査がおこなわれた。

審査部でのテストと平行して、中島でも一号機によって連日テスト飛行がつづけられたが、終わって吉沢パイロットがきまって黒板に書き出すのは、ハンティングとエンジンのシリンダー温度の異常上昇による事故だった。

エンジンについては、十八個のシリンダーごとに温度計をつけ、全力上昇テストがつづけられた。真夏、毎日一回から二回、一万メートルまで上昇してのエンジンテストは、肉体的にもつらい作業だった。地上は連日摂氏三十度をこす暑さ、そして高空では零下数度の寒さである。はげしい気温の変化に耐えながら吉沢はがんばりつづけたが、原因はつかめない。

もともとこのエンジンは九十二オクタン使用となっていたが、実質は九十一オクタンだった。そこで海軍が台湾に持っていた九十五オクタン・ガソリンをもらって使ってみたところ、調子がよくなった。しかし、現実に入手のむずかしい高オクタン・ガソリンを使うことは望めないので、荻窪から技師が三人やって来て対策にあたることになった。

原因は主として、各シリンダーに送られる混合気の濃度の不均一によるものであった。「誉」には中島の新山技師が開発した二連式降流型（ダウン・ドラフト）の大きなキャブレターがつけられ、混合気はスーパー・チャージャーを介して送られるようになっていたが、ガソリンと空気が均一にまざらず、どうしても上方のシリンダーは薄すぎ、下方のシリンダーは濃すぎる結果となった。このため上方シリンダー温度があがりすぎて、ピストンが溶けてしまったり、シリンダーが破損する故障がしばしば起こった。

木製模型による落下タンク装着テストを行なうキ84増加試作機。▽落下タンクの模型を正面から見たところ。上はオイル・クーラーの空気取入口。

そこで、温度のあがるシリンダーの吸気管内に絞りを入れ、混合気の量を制限するようにした。ところが、ほかのエンジンに同じことをやっても同じ現象とはならない。しかも、同じエンジンでもブースト圧がかわると、ちがうシリンダーの温度があがるといった具合で、飛行機のテストというよりむしろ、エンジンテストのようなことを半年ぐらいつづけた。それでも、荻窪で手づくりのようにして製作した一号機から三号機用のエンジンまでは、まだよかった。調子がいいときは、真速で六百四十キロぐらいをマークし、機体もエンジンも抜群の性能をのぞかせた。

しかし、ひきつづいて完成した四号機以降の増加試作機には、武蔵製作所製の量産エンジンが取り付けられ、これがいろいろなトラブルの種になった。しかし、初期のキ84にとって最大の泣きどころは、むしろプロペラの不調であったかもしれない。

キ84のプロペラをどうするかも、重要な問題だった。

外国依存のプロペラ技術

一般の人にはわかり難いかもしれないが、飛行機のプロペラは、エンジンと同等、あるいはそれ以上に重要なものである。

エンジンの出力が有効にプロペラに伝わらなかったり、プロペラの選定がその飛行機の性格にそぐわないものだったら、エンジンや機体設計がどんなに優秀でも、いい飛行機にはならない。グライダーやジェット機は別として、飛行機の性能を最終的に引き出すものはプロペラであり、エンジンや機体との関連は、たとえていうなら自動車のトランスミッションのギア比、あるいはオーディオ（音響再生装置）のスピーカーの選定に似ている。だから、プロペラをどうするかは、飛行機の基礎設計とほとんど同時にアウトラインが決められる。

プロペラの決定にあたってもっとも重要な要素は、エンジン出力とともに、その飛行機の性格と速度範囲だろう。プロペラの効率は、直径が大きいほどいい。だが、小型の単発戦闘機に、やたらに直径の大きなプロペラをつけるわけにはいかない。それだけ脚が長くなって重量がふえるし、主翼内の脚引き込みスペースがふえると翼内燃料タンクの容量も減る。それに、プロペラ自身の重量増加も無視できない。純粋な空力設計上の要求は、こうした実際面との兼ね合いから、総合的にどちらが有利かという判断にたって決定される。

技師長である小山の設計哲学は、プロペラ効率をいくらかおとしても重量軽減を優先する道をえらんだ。この結果、キ84には直径三メートルの四枚羽根プロペラを使用することになった。キ43一型の二・九メートル（二枚羽根）、キ44一型の二・九五メートル（三枚羽根）よりわずかに大きかったが、同時期に設計された川西「紫電」の三・三メートル、これより少しおくれてはじまった三菱十七試艦戦「烈風」の三・六メートルにくらべると、同じエンジンにもかかわらずかなり小さかった。

アメリカの二千馬力級戦闘機が、いずれも四メートルちかい大直径のプロペラを採用していたのは、機体、エンジンともにすべて余裕をもって――悪くいえば大まかに――設計されていたことを物語っている。

つぎに問題なのは、プロペラピッチ（捩れ角）変更範囲とその変節機構（調速機――ガバナー）だ。自動車が走行速度に応じてミッションのギア比を変えるように、飛行機も速度に応じ、加速あるいは減速に応じてプロペラのピッチをかえてやらなけ

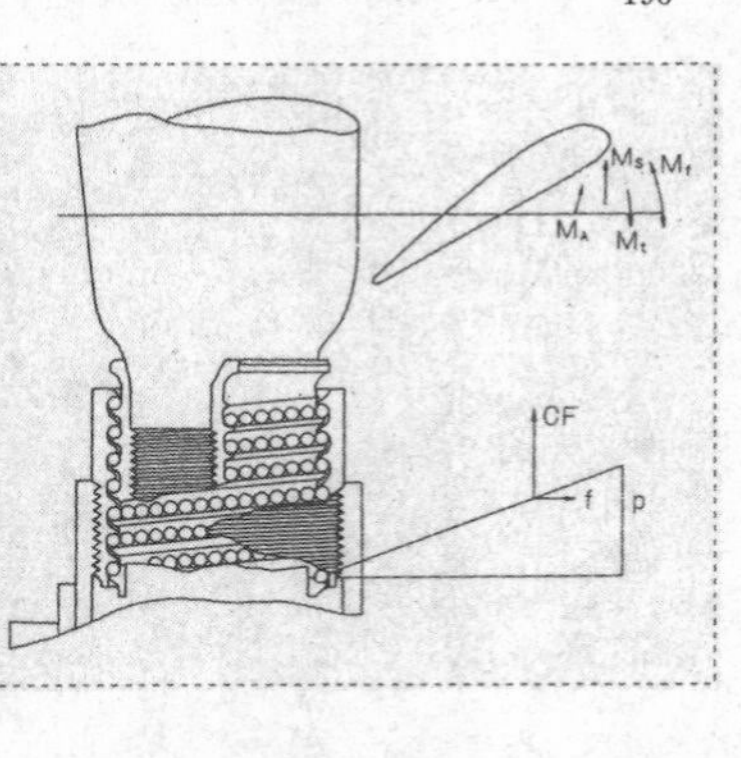

ればならない。

高速や加速時にエンジン回転を上げるときはピッチを浅くし、低速で回転をおとすときはピッチを深くする。飛行状態に応じて、もっとも効率がいいようにピッチを変えてやらなければならないわけだ。もし、エンジンの回転を上げてもピッチが浅いままだと、ちょうど高速道路をセカンド・ギアで回転を上げて走る自動車のようなもので、過回転になってオーバー・ヒートを起こし、エンジンは焼きついてしまう。

スピードがまだそれほど速くないキ43にくらべて、最高速度が上がり、かつ最低速度との開きが大きくなったキ84では、プロペラのピッチ変更範囲も大きくする必要があった。ところが、キ43やキ44に使われていたハミルトン・スタンダード定速可変ピッチプロペラでは、二十度の範囲しか変えられず、キ84に必要な三十度をみたすことができない。

日本の航空技術のうちでプロペラの技術は、機体の設計やエンジンにくらべて大幅

キ84に装着された「ペ32」ラチェ改良型プロペラ。機体設計やエンジンなどにくらべ、日本のプロペラ技術は遅れていた。

におくれていた。とくにガバナー（調速装置）については、まったく外国の技術に依存するほかなかった。このため、キ84のプロペラは計画段階でドイツ製のＶＤＭ、アメリカ製のハミルトン、フランス製のラチェの三種のうちのどれでも使えるように考えられていた。そして、計画がすすむにつれてラチェとＶＤＭの二案に絞られ、最終的にラチェに決定された。

ラチェは、平塚にあった日本国際航空工業（日国、いまは日産車体の工場になっている）でつくられていたが、いろいろ問題の多いプロペラだった。ガバナーは、プロペラ軸に取り付けられた直流モーターの回転をウォーム・ギアで減速して羽根に伝えるようになっていたが、この羽根をプロペラ軸に取り付ける方法がたいへんだった。この軸受け部分は、自動車のステアリング材構などに一部使われているような、ほそい溝に小さなボールをギッシリ入れた構造で、四枚の羽根のピッチ

	羽根の数	直径m	重量kg	ピッチ変更角度
キ43一	二	二・八	一一〇	二〇度
零戦A6M5	三	三・〇五	一四五	二三度五一分
紫電N1K1	四	三・三〇	二〇三	三九・七度または四三度
キ84(計画)	五	三〜三・〇五	二〇〇	三〇度

合わせがむずかしく、振動の大きな原因になった。

おまけにガバナーの調整もやっかいで、調整不良のために空中でしばしばハンティングを起こした。ハンティングについては後でくわしく述べるが、簡単に言うと、エンジンの回転をかえていくときにガバナーの働きがわるく、プロペラ回転数が不安定になる現象のことで、はげしい振動を機体全体にわたって起こす。このガバナーの調整不良によるハンティングは、キ84の試作機が飛んで実戦部隊に引き渡されてからもずっと尾をひき、プロペラの故障は、エンジン不調とともに、この飛行機の泣きどころとなった。

計画段階で決まったプロペラ諸元は、

プロペラ直径　約三メートル

重量　約二百キロ（スピンナーなし）

ピッチ変更範囲　三十二度〜六十度

ピッチ変更速度　三度〜三・五度／秒

（註、ピッチ変更速度は、のちにこの倍以上にスピード・アップされた）

で、試作完成は十七年八月の予定だった。

参考までに、ほかの機種を取り扱い説明書の数字でくらべてみると、前ページの表のとおりである。

キ43と零戦はハミルトン、紫電のプロペラは、ドイツのVDMだった。

ラチェのプロペラは日国が昭和十二年ごろ、まだ未完成なのを承知でフランスから製造権を買い入れたもので、それから約三年間、実用にこぎつけるまでに技術陣は血のにじむような苦労をかさねた。日国製のラチェ式プロペラが最初に採用されたのは陸軍の九七式重爆だった。しかし、このときのプロペラ・ピッチ変更速度は、毎秒一度ないし一・五度というおそいものだったので、戦闘機には使えない。そこで陸軍のプロペラは全部ハミルトン型とし、日国は住友金属工業（ハミルトン型を作っていた）の下請けになれという話も持ち上がった。だが、軍の担当者である松村大佐、金山技師らの努力によって、ラチェの改造型である「ペ32」が発注された。

そこで奮起した日国では、関口英二取締役を総指揮官とし、主務者山田実技技師をはじめ津田好雄、守田孫久技師らを動員して、急遽、ピッチ変更速度を向上させる改良試作を開始した。

以下、関口技師の記録による。

「全員一丸となっての努力の結果、これまでピッチ角変更に三段のウォーム・ギアをつかっていたのを一段に改め、ほかは普通のギアにするなど製作しやすいように改良を加えたものが、十七年秋に完成した。実験の結果、変節速度毎秒一・二度が十三・二度と十倍以上に向上した。

この変節速度の大きいのを利用して、着陸時のブレーキに使用しては、との意見が出て、当時着陸滑走距離が問題となっていた中島のキ44に装備し、十八年三月に実験した。結果は車輪制動で五百五十メートル、三十六秒だったのが、三百メートル、十八秒に短縮され、予期以上の好成績を示した。この実験中に、あるパイロットが好奇心から空中でどのくらい制動がきくかと無断で実験して錐揉みに陥り、地上すれすれで危うく回復して命拾いをしたという珍事があった。

こうしてペ32は最新鋭の中島キ84「疾風」に装備することになり、はじめて四翅金属プロペラをつくった。実験の結果、変節速度があまりはやすぎるので、百八十ワットのモーターを九十ワットに変更して速度を半分の六・六度とした。当時、アメリカのカーチスＰ40に装備されていたプロペラは、おなじ九十ワットで一・二度だったから、まさに五倍の速度だった。これで、どんな空中戦闘をやっても、過回転の心配はなくなった。ただ逆ピッチのほうは前述のような珍事が生じてはペ32の運命にもかか

製造年月	機体 キ84（中島）		プロペラ ペ32（日本国際航空工業）				
			平塚工場		福井工場		合計
	月産	累計	月産	累計	月産	累計	
18年9月	13						
10月	10	23	40	40			
11月	11	34	60	100	14		
12月	18	52	100	200	28	42	
19年1月	24	76	105	305	42	84	
2月	100	176	110	415	56	130	
3月	200	376	120	535	70	200	735
4月	300	676	180	715	88	288	1,003
5月	300	976	200	915	105	393	1,308
6月	330	1,306	210	1,125	123	516	1,641
7月	370	1,676	220	1,345	140	656	2,001
8月	410	2,086	230	1,575	158	814	2,389
9月	450	2,536	240	1,815	175	989	2,804
10月	490	3,026	250	2,065	193	1,132	3,197
11月	540	3,566	260	2,325	210	1,392	3,717
12月	580	4,146	270	2,595	228	1,620	4,215
20年1月	640	4,786	280	2,875	245	1,865	4,740
2月	680	5,466	290	3,165	263	2,123	5,288
3月	720	6,186	300	3,465	280	2,503	5,968

わるし、またアメリカでもブレーキには使っていないからということで、制限装置をつけてマイナス角度にならないようにした。

またキ49（百式重爆）、キ54（一式双発高練）、キ57（百式輸送機）、キ97（四式重爆の輸送機化）などにも使うよう試作命令を受けた。とくに日本楽器ではペ32に強化木ブレードを装着し、ジュラルミン不足に対する研究をすすめた。

海軍の方でも、住友金属以外のプロペラは使わない、という契約を破り、海軍航空技術廠プロペラ担当者増本技師をはじめ多数の人びとが平塚工場にやって来て、陸軍の了解を得てキ84用二本（?）をもって実験にかかった。また川西機械でも、三重県弥富の日本毛織工場跡にプロペラ工場を建設し、キ84用をつくった。

やがて終戦となり、ぺ32もキ84用以外は大量生産に間に合わずに終わった。もう一年はやくできていたら、海軍にも採用されたかと思うと残念であった」（小森郁男編『航空開拓秘話』より）

参考までに昭和十八年六月三十日、陸軍の航空審査部原動機部長から会社に指示された中島のキ84生産予定と、これに見合うぺ32の生産予定を示すと前ページの表のとおりであった。

キ84の実際の生産数は約三千五百機だから、機体は予定の五分の三程度しかできなかったが、プロペラの方は、予定どおり百パーセント生産を達成したという。

続出する故障

「はじめから採用決定だ。失敗は絶対に許されない」

軍から試作の内示を受けたとき、小山技師長が主だった設計スタッフたちに言ったことは、決して単なるはったりではなかった。

大本営は戦争初期の段階を終え、敵の反攻をむかえる時点で、ビルマ、ニューギニア、ソロモン諸島をむすぶ線を絶対国防圏とし、強力な敵の航空攻撃に対抗させるため、最新鋭のキ84戦闘機隊をニューギニア西部戦線に派遣する計画でいたようだ。ところが、敵の進撃が予想以上にはやく、絶対国防圏の早期後退を余儀なくされたので、キ84の投入はつぎの決戦場と目されたフィリピンにかわった。

こうしたキ84に対する期待が、いつとはなしに〝大東亜決戦機〟という名を生み、試作機の完成前からすでに軍の受け入れ準備がはじめられていた。

陸士五十二期、整備将校中村孝大尉（のち少佐、富士通電子システム部顧問）が、同期生数名とともに福生の審査部にやってきたのは、秩父の山なみから吹きおろす寒風が頬をさす昭和十八年一月であった。士官学校を出てからおよそ二年十ヵ月の間、半年ほど飛行連隊付をやったほかはほとんど飛行学校の学生生活で過ごした中村にとって、審査部はいわば初の部隊勤務といってよかった。

これまで飛行学校などで見なれた現用の旧型機と違い、どれもこれもいわくつきの最新鋭機ばかりを扱う審査部飛行実験部に配属されたことに、彼は誇りに似た感動をおぼえた。しかも、彼の担当は審査中の全戦闘機で、その中にはまだ見ぬ、幻の〝大東亜決戦機〟キ84もふくまれていた。

着任した中村は、しばらくして中島の荻窪工場に派遣された。キ84に積まれる「ハ45」エンジンの実習のためだった。ここで担当の中川技師からひととおり説明を聞いたあと、約一ヵ月半、会社の工員とともに分解整備をやったり、耐久運転をやっている武蔵野工場に見学に行ったりした。

三月中旬、こんどは群馬県太田の機体工場に行った。ちょうどキ84の試作一号機ができた直後で、飛行場では会社の吉沢パイロットによる地上滑走がおこなわれていた。ここでも機体主任の飯野技師から説明を聞き、直接機体をいじることはやらなかったが、試作工場にならぶ飛行機をみたり細部構造や艤装の勉強をしたりして、およそ一ヵ月半を過ごした。そして、エンジン、機体ともで約三ヵ月の実習を終えた中村は、審査部に帰ると早速、キ84の受け入れ準備をはじめた。

六月、待望の試作二号機および三号機が、八月には増加試作の四、五、六号機も福生に空輸され、岩橋少佐を審査主任とする戦闘機のメンバーたちによるテストが本格化した。ところが、それにつれて、はやくもトラブルが出はじめ、中村たち整備隊員は俄然、多忙になった。

トラブルの第一は、エンジンだった。

クランク軸のメインベアリングの焼き付き、上部シリンダー温度の異常上昇によるピストンやシリンダーの破損、エンジンとプロペラの間の減速に使われたファルマン方式歯車のベアリング焼き付きなどがその主なものだ。

ハ45はクランク軸回転数が高いため、最高回転でまわすと、従来の減速装置ではプロペラ羽根の先端は音速をこえてしまう。そこで、これまで使われていた遊星歯車方式（減速比は約三分の二）にかわってファルマン方式（減速比は二分の一になる）が採用されていたが、この歯車系の中間に使われた小歯車が、非常に大きな遠心力で外方に押しつけられるのと回転数が高いことから、軸と軸受けメタルとの間で焼き付きが起こった。

新鋭機キ84の受け入れ準備を担当した整備将校中村大尉（後列左）。

しかし、こうしたトラブルは、派遣されてきた中島の技師たちの協力で、なんとか切り抜けた。

つづいて出てきたのが、点火系統の不良だった。今でこそスパークプラグはＮＧＫ、デンソー、日立など、国産にもすばらしいものがあるが、当時は、主として材質の関係から、使えるのはせいぜい二十時間ぐらい、ときには十時間で交換しなければならないものもあった。航空エンジンは、一本のシリンダーに二個ずつプラグがついており、十八気筒では合計三十六個にもなるから、これでは一回飛ぶごとに何個かのプラグを取りかえなければならないことになる。

点火系統のもう一つのトラブルは、高圧電纜（でんらん）（ハイテンションコード）のパンクだった。ハ45は外径を小さく押さえるため、マグネットとディストリビューターをエンジンの前後に分離して取り付け、この両者を結ぶ二次高圧電纜は、ギッシリとならんだ前後シリンダーの間を通っていた。

電纜はシリンダーの高温から一応は防護されるようになっていたが、電纜の絶縁ゴムの材質不良のため十数時間からせいぜい四、五十時間しかもたなかった。電纜の材質改善は急には望めそうもないので、電纜を石綿で巻いて少しでも断熱効果を高めるとか、頻繁（ひんぱん）に交換するといったどろなわ式の方法でしのぐよりほかはなかった。スパークプラグにしても同様だった。

機体やエンジンの設計技術はすすんでも、これらを構成する材質の問題や機能部品の性能など、わが国の基礎工業力や技術力の弱さによる欠陥がつぎつぎにあらわれて、

分解修理中のキ84。左右の主翼と中央部胴体が一体となった構造がよく分かる。左右翼上面の縦の孔は機関砲の点検孔。

パイロットや整備員たちに余分な苦労を強いた。

始動ボタンで一発でかかるエンジン、よごれずにいつまでも長持ちするスパークプラグ、それに油もれがないなど、南方で鹵獲(ろかく)され審査部に保管されていたカーチスP40や、ドイツから購入したフォッケウルフ戦闘機に見られる、こうした面での外国の技術の優秀さは、うらやましい限りであった。

日本機全体に共通した現象だったが、整備員泣かせのエンジンの振動発生は、キ84も例外ではなかった。これはほかのエンジントラブルとも関連するものだが、中でももっとも手こずったのはスーパーチャージャーの第一段与圧から第二段与圧に切り換える際に発生するエンジン振動だった。そのときのエンジン出力、回転数と混合気調節レバーの操作の相互関係をうまくやれば防げるものだったが、気象条件もふくめてこれらの要素はたえず変化するうえ、各飛行機ごとに固有の癖くせがあるので、結局はパイロットの慣れによって体得してもらうよりほかはなかった。

エンジンだけでなく、機体側にも、脚が出なかったり引っ込まなかったり、機銃の弾丸が出ないなどの、ごく初歩的なものからもっと複雑なものまで、大小さまざまな故障が続出したが、多くはなんとか改善し、完全な改善のできないものでも、整備員やパイロットの努力や技術向上などでカバーし、どうにかやってゆける見とおしがついた。

しかし、最大にしてあとあとまで悩まされたのが、先にも述べたように、プロペラのガバナー不良に起因するトラブルで、これは下手をするとキ84の命取りにさえなりかねなかった。

プロペラのピッチを変えるガバナーは、わが国としては経験のうすい電気式（ラチエの改良型）が使われていた。これまで多く使われていたハミルトン・スタンダードの油圧式のピッチ変更速度が毎秒三度から四度だったのに対し、毎秒八ないし九度と高性能のうえ、ピッチ変更角度も大きい点がかわれて採用されたものだった。もちろん、地上での単体テストやエンジンに取り付けてのテストでは別に異常もなく、確実な作動を示した。

それがいよいよ飛行機に取り付けられ、エンジン出力を急激に変化させたり、空中で飛行機の速度を短時間に増減させたりすると、どういうわけか、このガバナーは充分に作動しなくなった。たとえば、空中戦闘訓練で、パイロットがガバナー調節レバーを三千回転にセットしたとする。ところがいきなりスロットルを全開にしたり、急降下でもしようものなら、とたんにエンジンは三千四百から三千五百回転となり、つぎには二千五百から二千四百回転まで下がり、さらに三千三百回転に上がって二千七百回転に下がるといった具合に、三千回転の定回転に落ち着くまでに数秒間、脈動をくり返す現象で、プロペラハンチングとよばれる故障だった。

エンジンの過回転は、しばしばベアリング焼き付きの原因になったし、エンジンがやられなかったとしても、エンジン回転の変動にともなって飛行機の速度も急激に増減するから、パイロットの体は前後にゆすられる状態となり、そのうえ機体はかなりの縦振れを起こすので、とても敵機の照準どころではなくなる。これは戦闘機としては致命的な欠陥であり、たとえほかの性能がどれほどすぐれていようとも、とうてい実用化はおぼつかない。

電気式ガバナーになって、従来の油圧式よりもピッチ変更速度が倍以上になったのに、エンジン出力、飛行機の速度変化に対応できないというのは、一体どういうことなのか。

すでに増加試作機も十号機ぐらいまでそろい、パイロットや整備の要員も続々と集められ、岩橋少佐が一個中隊を編成して水戸に射撃の審査に行くまでになった。どうやら部隊編成の気配も濃厚となり、審査と並行して訓練にも一段と熱がこもってきた矢先にこの故障である。

ガバナーのメーカーである富士電気とプロペラのメーカー日本国際航空工業からも技師がやってきて、二、三週間あれこれ対策をやってみたが、原因がどうしてもつかめない。ただ明らかなことは、今までは起こらなかったものが、戦闘訓練をはじめて使い方がだんだん荒くなって来てから続出しはじめたということだった。

ことの重大さにおどろいた航空本部は、関係者を招集して会議を開いた。機体、エンジン、プロペラなど関係会社の技師たちもふくめて約四十人という参会者の数が、その狼狽ぶりを物語っているといえよう。

だが、出席者の数とは裏腹に、これといった妙案もなく、したがって今後どうするかの対策もたたないまま、いたずらに会議は空転するだけだった。それまで黙っていた審査主任の岩橋少佐が、たまりかねて立ち上がった。

「せっかく決戦戦闘機といってここまでやってきたのに、どうして、この故障が直せないのか。みなさんの議論を聞いていると、故障の出はじめと今とで少しもかわっていないじゃないか。戦争に勝つため、一日もはやくこの故障を解決していただきたい」

顔を紅潮させ、テーブルをたたいてその急務を訴える青年将校岩橋の姿を、整備の責任者として出席していた中村大尉は、胸をつかれる思いで見上げた。

この会議が終わって一ヵ月くらい経ったころ、東芝がガバナー部分の試作品を持って来た。これがかなり調子がよく、なんとか使えるめどがついたが、トラブルの原因は意外なところにあった。

エンジン回転の増減によって、プロペラピッチ変更のガバナーの電気接点が接触するが、その接点圧力が不充分なために必要な電流が流れず、したがって重い負荷のかかるピッチ変更モーターの始動がおくれたのが原因だった。つまり接点不良という、まったく単純な故障だったわけだが、こんなところにも機体以外のわが国の技術のおくれがあらわれていた。

プロペラについては、もう一つ話がある。

電気式だから羽根のピッチ変更がらくで、フェザリング（プロペラ羽根を飛行機の進行方向と平行に近くすること）はもちろん、ピッチを逆にすることも容易にできた。着陸滑走距離を短縮するため試作機につけてみたが、陸軍の使っていた飛行場は、ほとんどがコンクリート舗装をしていなかったので、着陸接地後、逆ピッチにしたところ、自分で前方に吹きとばした土ほこりの中を滑走する羽目となり、福生で一回やっただけでやめてしまった（かつてキ44でテストされたこともある）。

「危険きわまりない。全然、実用価値なし」と、パイロットが判定したためである。

第六章　出陣の秋（とき）

優れた人材

あいつぐトラブルも、会社側の技術者と飛行実験部の努力によってどうにか解決され、多少のおくれはあったが各種の実用テストもほぼ順調に推移する見込みとなったので、大本営はいよいよ昭和十八年末までにキ84による部隊編成に着手することを決めた。

大本営の構想としては、わが陸軍戦闘機隊の中でも最精鋭の飛行第一、第十二の両戦隊ならびに審査部の担当者たちを基幹として新編成する飛行第二十二戦隊にキ84を持たせ、強力な制空戦闘機隊としてフィリピンに送る計画だった。

もとより審査部の担当者たちにこのことは知らされなかったが、秋になると、日を追ってパイロットや整備員たちが各地からキ84要員として福生に集まってくるところから、「ここであたらしい戦隊が編成されるらしい」ということは、誰の目にも明らかだった。

晩秋、小春日和のある日、中村大尉は岩橋少佐に呼ばれた。

「中村、君も知っているように、キ84とその要員がたくさん来ている。実は、ここで一個戦隊をつくることになったのだ。今のところ、おれが初代の戦隊長に予定されている。ついては、君に整備隊長をやってもらいたいと思うが、どうだ。やってくれるか?」

中村は内心ややおどろきながらも、即座に、承諾した。

ほかに部隊経験のながい整備将校もいるのに、それをさしおいて自分を指名してくれた岩橋の信頼がうれしかった。気性のはげしい七期上のこの先輩には、ずいぶん叱られもしたが、尊敬に価する魅力的な隊長でもあった。

中村だけでなく、岩橋隊長のめがねにかなった部隊の基幹要員の人選が着々とすすむにつれ、実用テストの継続とともに、部隊編成のための訓練は日を追って激しさを加えた。

そして昭和十八年もいよいよおしつまった十二月二十七日、キ84の試作内示から数えてまる二年目、軍令陸甲一二一号の発令によって、キ84をもってする飛行第二十二戦隊の編成が正式に下達され、一式戦隼からキ84に機種改編が予定されている飛行第一、第十一両戦隊とともに第十二飛行団を形成することが決まった。

この部隊は常用機数四十二機、人員は本部員十数名、飛行隊三個中隊でパイロット四十名強、整備員百八十名あまり、合計二百五十名ちかい大部隊で、編成完了は昭和十九年三月五日と予定された。

戦隊長岩橋少佐のもとに飛行隊長は陸士五十一期の金谷祥弘大尉（のち少佐、第十一戦隊長となり戦死）、整備隊長は中村大尉、そして飛行第一、第二、第三の各中隊にはそれぞれ整備第一、第二、第三小隊がつき、これに武装、無線、電機、器材の各整備小隊という編成である。飛行隊の中隊長クラスは、飛行時間、戦闘経験ともに申し分ないベテランぞろい、整備隊また同様で、当時としてはこれ以上は望めない人材が注ぎ込まれた観があった。

三月五日、予定どおり編成を完了した第二十二戦隊は、しばらく厚木町（現在の厚木市）北方数キロに新設された中津飛行場に移駐した。福生の飛行場ではほかの飛行機の審査の邪魔になること、設備が整いすぎていて野戦飛行場を想定した訓練に向かないこと、指揮系統がすでに審査部からはなれて飛行団に移ったことなどが理由だ。

中津飛行場は、相模川本流と中津川との間の台地に急造された飛行場で、北側がわずかに高く、南にかけてゆるやかに傾斜していた。格納庫は木骨製、兵舎はバラックの一階建てというお粗末さで、兵隊たちの唯一のたのしみである酒保もない。町といえば、いちばん近いところで飛行場から七、八キロはなれた厚木町で、それもガタガタ道を走る木炭バスが一時間か二時間おきにあるだけだった。そのわびしい環境は、まさに戦地なみであった。

それだけに、この飛行場に移ってからの訓練は一段と激しさを加え、飛行は早朝から夜までつづけられたから、整備の苦労もなみ大抵ではなかった。作業が終わるのは、はやくても夜の七時過ぎ、おそいときは夕食後さらに十時、十二時になり、とくにたちのわるい飛行機を受け持った整備班は、連日の夜間作業もめずらしくなかった。

だが、少年飛行兵十二期生の機付長を中心に、最初の大東亜決戦部隊にえらばれた誇りに燃えた若い整備兵たちは、飛行隊のパイロットたちに劣らない旺盛な士気をもって体力のつづくかぎり任務を遂行した。

日曜日は一応休みとなっていたが、天候によっては休日返上もしばしばで、整備員は、雨の日にやっと休めるといった有様だった。たまの休みにも、遠くに足をのばす者はほとんどなく、バラック兵舎の中で日ごろの寝不足をとりもどすか、握り飯や缶づめを持って近くの中津川べりに出かけるかで、せいぜいおごっても、中津村にたった一軒あった小料理屋で地元名産の鮎料理を食べるのが関の山だった。なかには映画を見に厚木町まで出かける者もいたが、運よくバスに乗れるのはほんのわずか、たいていは往復十五キロの道のりを歩かなければならなかった。

正面から見たキ84増加試作機。集合排気管が左右に突き出ているが、のちに速度向上効果のある単排気管に改められた。

しかし、晴れた日など春がすみに煙(けぶ)る丹沢の山々を背に、のどかな田舎道を三々五々、戦友と連れだって歩く若い兵隊たちの表情には、わずか一日だけだが耳を圧する爆音から解放された安らぎが見られた。

岩橋戦隊長のもと、かたい団結の第二十二戦隊の訓練は、日を追って成果をあげていったが、敵の反攻開始いらいの苦い戦訓も大いに採り入れられた。単機戦闘はかたくいましめられ、つねに最小限二機を単位として、攻撃においても防御においても、相互の連繋をとりながら行動するロッテ戦法にかわり、迎撃に際しては迅速に離陸すること、たとえ敵といったんはなれても充分な態勢をとってから攻撃すること、爆撃機に対しては前上方からの浅い角度の攻撃が有利であること、などが強調された。

訓練がすすむにつれて、高度一万メートル以上の高空での戦闘や、中隊単位の編隊戦闘訓練に移行したが、この訓練の最中に戦隊として初の殉職者を出した。

四月のある日、他中隊の十機を仮想敵とし、第一中隊十二機による攻撃訓練がおこなわれた。攻撃編隊を指揮する黒岩義彦大尉は陸士五十三期、闘志満々の中隊長で、先頭を切って猛然と仮想敵編隊に攻撃をかけた。ところが、黒岩機はあまりにも接近しすぎ、仮想敵編隊の久賀准尉機と空中接触してしまった。黒岩機は飛散して墜落し、片翼を三分の一ほどもぎ取られた久賀機は、かろうじて安定を保ちながら着陸した。

このほか、今泉中尉（陸士五十六期）も訓練中に殉職したが、今泉と同期の脇森中尉の場合は、幸運にも命をとりとめている。

第二十二戦隊は東部軍の管轄下にあったので、訓練をかねて帝都防空の任務を課せられていたが、一回だけ迎撃にあがったことがあった。結局、敵はやって来なかったのだが、このとき高空にあがった脇森中尉は酸素吸入装置の故障で失神してしまった。ところが、飛行機は意識不明のパイロットを乗せたまま飛びつづけ、千葉県内の某地に胴体着陸した。幸い湿地だったので軟着陸となり、脇森中尉は重傷を負いながらも助かった。偶然、着陸したところが医者の家の近くだったので、すぐそこの女医さんに助け出されて病院に送られ、気がついたらベッドの上にいたという嘘のような話で、これを聞いた戦隊員一同、その運の強さにおどろくと同時にキ84の安定の良さに、あらためて感心したという。

胴体着陸したキ84。機体が頑丈なので、破損部は少ない。安定の良さとともにパイロットにキ84の信頼性を高めさせた。

戦闘訓練は、他部隊との遭遇戦にまですすんだ。明野を発進した隼や鍾馗編隊を、こちらは三十機くらいの編隊で迎撃、関東平野上空で入り乱れて空戦をやることもあった。こうした訓練のひとつひとつを通じて、パイロットたちはしだいにキ84を自分のものにしていった。

一方、整備は、新機種なるがゆえの故障の未然防止と、故障発生の際のすみやかな対策が強調され、とくに整備隊長の中村がやかましく要求したのは、むずかしいハ45エンジンの一発始動であった。

日本の飛行機にはセルフスターター・ボタンがついていなかったので、飛行場にはたいてい数台のエンジン始動車があった。しかし、四十機からの戦闘機を、いちいちこれで始動していたのでは、全機のエンジンがかかるまでに十分ちかくの時間を要してしまう。そこで手動慣性スターター（イナーシャとよばれた）による人力始動を併用した。十八気筒、二千馬力エンジンは三人の機付兵――一人は操縦席内に、他の二人がイナーシャをまわす――でかかっても、かなり重い。最初の始動に失敗すると、燃料の吸い込みすぎになって始動はますますむずかしくなる。寸秒を争う迎撃戦闘で、エンジン始動にもたついては、タイミングがおくれ、あたらキ84の高性能も生かされずじまいになってしまう。そこで、ほとんど毎朝、エンジン試運転時を利用して始動の訓練をやった。

隊長のふる手旗信号を合図に、いっせいにエンジン始動コンテストの開始だ。精魂こめた整備の成果をこの一瞬にかけて、機内と機外の三人が呼吸を合わせて始動にかかる。

ブル、ブル、ブル、ル……、うすい排気を吐きながらエンジンが始動しはじめると、各機の発する轟音が丹沢山塊をゆるがすような大合唱となる。出おくれた飛行機の機付たちは、必死にエンジンの機嫌をうかがう。こうして一番にかかった飛行機やどん尻の飛行機番号を記録し、統計的に各機付整備員の練度や機体の調子などをチェックした。この結果、第二十二戦隊の整備能力は格段に向上した。

もっとも、そのかげにはすぐれた部品補給の力があったことも見逃すことはできない。部品補給というのは、いわば実戦部隊にとって重要な栄養補給であり、血液の動脈にもたとえられるものだ。当時は、生産機でさえ部品が間に合わないような状況だったため、整備に支障をきたし、せっかく出来上がった飛行機を飛ばすことができない場合も、めずらしくなかった。

第二十二戦隊には、審査部当時から会社に顔のうれた斎藤成時少尉という、やり手の器材小隊長がいた。斎藤少尉は、かねてからこのことあるを予想して、各会社と接触を保っていた。また、立川支廠や分廠を経由する正規の部品補給ルートでは、入手がむずかしいことも知っていた。そこで彼は、戦隊の部品在庫が減ってくると、あらかじめ東部軍（のちの第一航空軍）に顔を出して了解を取りつけたうえで、すぐ会社に行って直接交渉し、一日か、せいぜい二日ぐらいで不足部品の最低必要量を確保した。これは、一種の〝要領〟だったが、おかげで第二十二戦隊では、部品がなくて苦しむということはほとんどなく、各列線小隊のすぐれた整備能力をフルに発揮できたから、いろいろ問題の多い新型機であったにもかかわらず、稼働率はつねに七十パーセントをこえていた。

性能向上の要求

陸軍では飛行機の審査が終わると軍需審議会にかけて採否を決定し、採用となったものを制式機とする制度になっていた。軍需審議会は、陸軍次官を長とし、省部（陸軍省、参謀本部、航空本部など）および関係部隊の首脳部員をもって構成され、航空関係だけでなく、すべての重要兵器の制式を決める重要な機関だった。

昭和十九年三月十三日に開かれた審議会で、キ46三型、キ86、ク8二型グライダーなどとともに、キ84も審議にかけられることになった。試作三機にひきつづいて生産に入った増加試作の百機のうち、三月までに八十機を完成して飛行第二十二戦隊に引き渡しを完了、さらに第一、第十一の両戦隊も一式戦隼からキ84への機種改変中という状況なのに、キ84がまだ認知されず、正式の籍に入っていないというのも、妙な話であった。

ところが、この日の審議会では、キ46三型、キ86およびグライダーのク8二型は原案どおり可決されたが、キ84は、ともに大東亜決戦機の双璧と目されていた高性能重爆キ67とともに保留となってしまった。

その理由と対策は、つぎのとおりであった。

一、過回転防止装置（プロペラガバナーのこと）を四月十五日までに二個完成の予定。現在、主として耐久性が不足である。

二、メタノールの中央噴射は、冬季になったら悪くなったので改修中。二千九百回転でおこなう。速度は六百三十キロを六百五十キロまで増加する。去年の秋は、三百五十ミリまでブーストを引けたが、ＡＭＣも夏と冬とで差が出てきた。

砂型鋳物のヘッドと冷却フィン鋳込みのものとは、地上では同じである。いま、試験中であるが、二百五十ミリ・ブーストなら使える。メタノール噴射が改善されれば、三百五十ミリまで引けるだろう。

三、海軍の二一型気化器が戦闘機用として三百五十ミリまで引けるという。

四、無線の問題は解決した。九九飛三・三型を今月百個生産する。

これらの事項は、いずれも解決の見とおしがついていたので、翌四月には、晴れて四式戦闘機として制式採用が決まった。そして「疾風」の愛称で呼ばれることになったのである。もっとも、関係者の間では依然として84（ハチヨンとよむ）の略称がまかりとおっていた。

増加試作機の生産がつづけられる一方では、正規の量産型の生産準備がすすめられていた。ところが、治具の製作がおくれるうちに第二十二戦隊で故障が続発しはじめ、技術陣はその対策に大きな努力を割さかなければならなかった。それなのに、軍はキ84の性能向上要求を、はやばやと出しはじめた。

二十ミリ機関砲四門装備、爆弾および落下タンク装備、三十ミリ砲装備、小型探照灯装備、胴体および翼燃料タンク拡張による遠距離戦闘機化、さらに防弾ガラス、酸素噴射装備などに加えて生産増強のための木製化および鋼製化などで、現状のトラブル解決だけでも手いっぱいの技術陣に、これだけもりだくさんの要求とは、いったい正気なのか、と疑いたくなるほどであった。

しかし、機体主任の飯野技師らの努力によって、ひきつづき生産される増加試作機に、可能なものから改修が加えられた。三月に二十四機、四月は十六機、そして五月と六月に各一機生産された増加試作機は、いわば後期増加試作型ともいうべきもので、速度向上をねらって、それまでの集合排気管からロケット効果のある単排気管に改められた。この効果は大きく、二速スーパーチャージで最高速度が約十五キロふえたが、それよりも複雑な集合排気管の製造行程が省かれて作りやすくなったことのほうが、より実際的な効果であったかもしれない。

量産型とともに、これら後期量産型の外見上の特徴は、単排気管のほか落下タンクが胴体下の一個から二個になって左右主翼下面に移動され、垂直尾翼の先端が丸味をおびた形状にかわったことだろう。

△太田製作所格納庫前の増加試作機。試作機に比べて機首がスマートで、左右の翼内砲の突出部の長さがちがっている。
▽増加試作の一機。方向舵の面積と形状が量産型と異なる。

この年、連合軍の反攻は、勢力、その速度ともに急速に増大した。

その進攻はニューギニア、ソロモン方

キ84には各種の改造型がみられたが、増加試作機は百機以上も作られた。写真は単排気管の装着された後期増加試作機。

面はもとより、フィリピン海域にまでおよび、いわゆる「あ号作戦」（米側ではフィリピン海海戦と称した）では日本海軍を惨敗に追い込み、航空母艦勢力を壊滅させた。

そして六月から七月にかけ、ついに中部太平洋における日本の絶対国防圏の一角であるサイパン、テニアン、グアムなどの島々を占領してしまった。これより先、アメリカ本土からハワイに向けてしきりに大型機が空輸されつつあるとの情報が入っていたが、サイパン、テニアンの占領はその基地獲得が目的であったわけだ。

サイパンから東京までは片道約二千五百キロ、戦略爆撃機ボーイングB29の航続距離は、あきらかにここからする日本本土爆撃の可能性を示していた。しかも強力な武装に加え、与圧室をそなえたB29の来襲高度は一万メートル以上とあれば、高々度防空戦闘機の必要は火を見るよりあきらかだった。

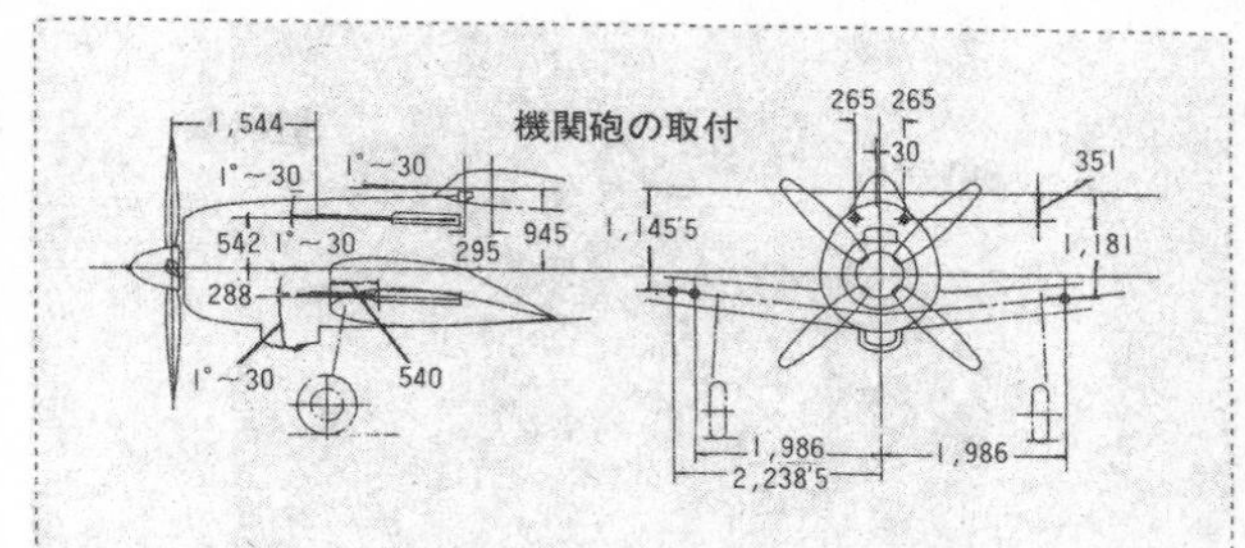
機関砲の取付
1,544
1°～30
1°～30
542
1°～30
295
945
288
1°～30
540
265
265
30
351
1,145'5
1,181
1,986
1,986
2,238'5

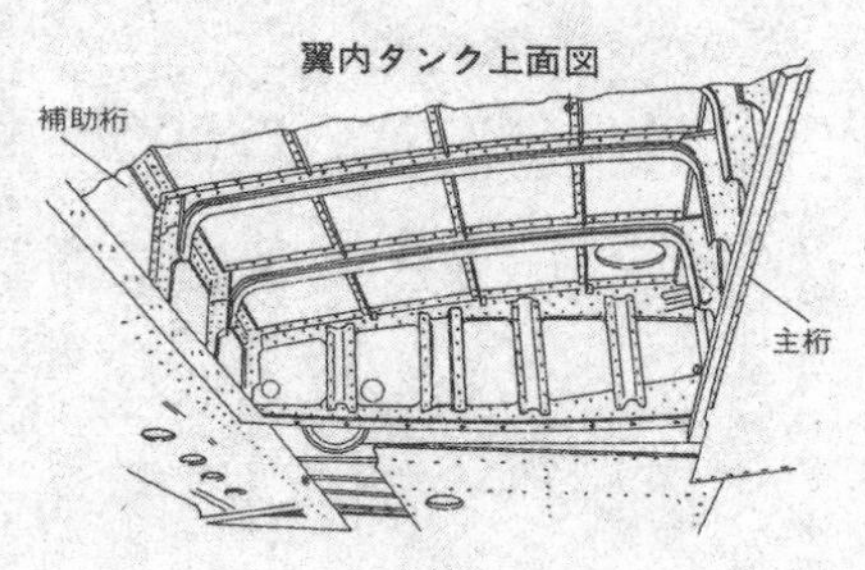
翼内タンク上面図
補助桁
主桁

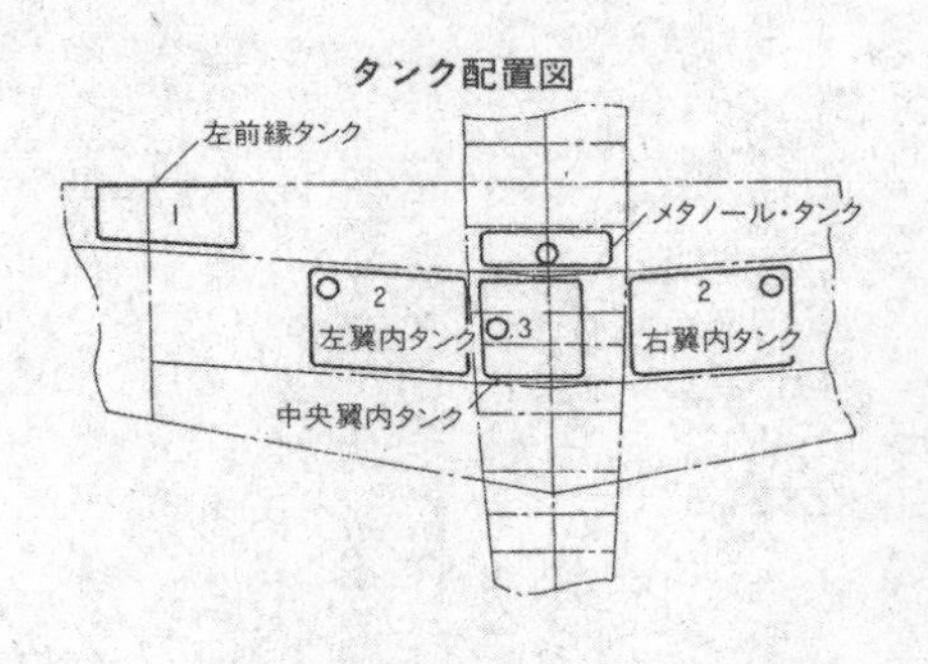
タンク配置図
左前縁タンク
1
メタノール・タンク
2
左翼内タンク
3
2
右翼内タンク
中央翼内タンク

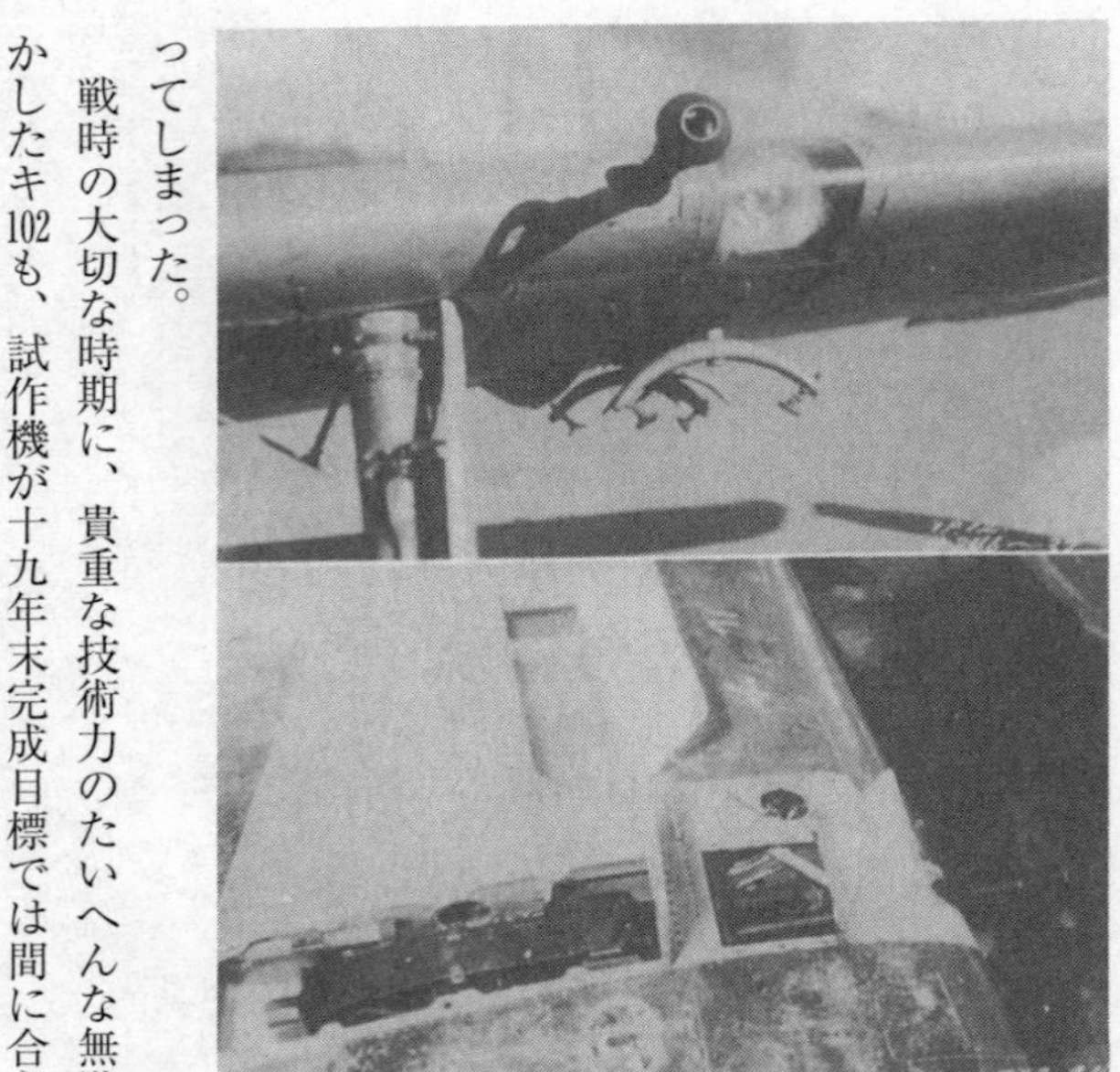

△主翼の20ミリ機関砲と翼下の爆弾懸吊架。250キロ爆弾か落下タンクが装着された。▽主翼内20ミリ機関砲。点検孔や弾倉カバーは整備を考慮して大きく開くようになっていた。

では、その要求をみたすべき試作機群の状況はどうであったか。

昭和十七年末、B29の前身であるB17対策として試作が開始された川崎の双発防空戦闘機キ96は、用兵上の問題で方針が定まらないまま、三機だけの試作に終わってしまった。

戦時の大切な時期に、貴重な技術力のたいへんな無駄使いだったが、この経験を活かしたキ102も、試作機が十九年末完成目標では間に合うはずがなかった。

とりあえず現用の二式複戦屠龍（キ45）の高度性能の向上をはかってみたが、オイル温度の上昇など問題が多すぎて、これもものになる望みはなく、単座戦闘機に頼るほかなかった。

しかし、その単座戦闘機も中島のキ87は試作機の完成予定が二十年はじめ、立川飛行機のキ94にいたってはさらにおくれるということで、これまた間に合わず、結局は、この役目も、キ84が負わなければならぬ羽目になった。

主翼面積を増大し、エンジンの高空性能を向上させたキ841改の基礎設計が、貴重な設計の手を割いて、ただちにはじめられた。設計部第二課吉田熊男技師のメモによると、この構想はつぎのようなものであった。なおキ841とはX、Y、WおよびV装備を施した機体のことである。

キ841改

使用エンジンは「ハ345」（「ハ45」四四型の仮称）。主翼面積は二十二・五平方メートル。プロペラ直径は約三・五メートルとする。

設計方針としては、主翼先端を片側約五百ミリずつのばして翼面積を二十二・五平方メートルにする案と、主翼中央部で約九百ミリのばして翼面積二十三・五平方メートルにする案を検討する。

機関砲は翼内にホ155Ⅱ型（三十ミリ）またはホ5（二十ミリ）二門、胴体にホ5またはホ102（十二・七ミリ）二門、すなわちキ841のW20およびY3（いずれも設計でつけられた試作整理番号）装備をおこなう。

以上の改修にあたっては、構造関係においては芯金類の全面的使用のほか主翼全体組み立て治具の使用、および主桁、脚補助桁のわずかな改修によっておこなうこと。

最高速度		
高度	8,500ｍ	640km/時
〃	5,500〃	600 〃
〃	2,800〃	580 〃
〃	0〃	520 〃
上昇時間		
高度	10,000ｍまで	13分30秒
〃	8,000 〃	9分40秒
〃	5,000 〃	5分18秒
上昇率		
高度	10,000ｍ	6.7ｍ/秒
〃	8,500〃	10.4ｍ/秒
〃	0〃	15.8ｍ/秒

エンジン「ハ345」の三速与圧高度は、八千五百メートルである。

主翼面積を一平方メートルふやしたこと、高空における方向安定を確保するため垂直安定板および方向舵をそれぞれ十パーセント大きくしたこと、プロペラ直径が大きくなったこと、このため脚柱も長くなったこと、エンジンが百キロ重くなったなどの理由で、自重はキ84にくらべて約二百キロあまり重くなった。

キ84改の最大の特徴は、プロペラをキ84の三・一メートルに対し思い切って三・五メートルとし、プロペラ効率を第一として上昇性能の改善を狙った点だが、これとて昭和二十年中の戦力化は無理だったのだから、サイパンの失陥とB29爆撃機の結びつきは、適当な高々度防空戦闘機を持たなかったわが国にとって、いかに脅威であったかがわかる。というより、排気タービンさえ実用化されていたら、そんなにあわてなくてもキ84で充分に通用したであろうことを思えば、こうした個々の技術のおくれが、全体の試作機計画そのものを、いかに大きく混乱させたかがわかる。

このほかにもジュラルミン材料を節約するため、キ84を木製化したキ106および鋼製化したキ113の試作も開始することが決まった。

近距離から遠距離まで、中低高度から高々度まで、さらに対戦闘機から対爆撃機までと、あらゆる分野にレパートリーをひろげたキ84は、まさに国家の命運を一身に背負わされた感があった。

別れの挨拶

「決戦場はフィリピンだ！」

第二十二戦隊の誰もがそう予測し、覚悟を決めていたところへ、先発隊をフィリピンに派遣する命令が出た。任務は、ルソン島クラーク地区のマルコット飛行場に先行し、戦隊の根拠飛行場として受け入れ準備をすることであった。

「とうとう来たか」

隊員一同、身のひきしまる思いの中に、出発準備がすすめられた。

その日を数日後に控えたある日、めずらしく東京から芸能人の一行が招かれ、村の婦人会有志や芸達者な兵隊たちの即席俳優も加わって、にぎやかな壮行演芸会が開かれた。

送る者も送られる者も、ともに苦しい日々の訓練に耐えて来た隊員たちにとって、それは本当に心なごむ一日であった。また出発直前に、一日訓練を休み、戦隊長以下全員が中津川渓谷にハイキングを楽しんだ。

そして六月初旬、戦隊本部員数名と整備隊の大半を合わせた百数十名の先発隊は、ちかく確実に決戦場となるであろうフィリピンに向け出発した。

輸送は海路、船によるもので、すでに敵潜水艦によるわが船舶の被害が激増していた南方海域の航行は非常な危険にさらされていたが、幸い人員、機材とも少しの損失もなく、三週間後にはルソン島マルコット飛行場に到着した。

整備隊を主力とする先発隊を送ったあと、いよいよ出陣ちかしとあって、訓練は夜間飛行など最後の段階に入っていた。また同じ飛行団に属する柏の第一戦隊、所沢の第十一戦隊とは好敵手とばかり技を競い合い、戦隊としての総合訓練などもさかんにおこなった。

しかし、第二十二戦隊より編成が二ヵ月ほどおくれ、審査中の準備期間も入れるともっと大きなハンディのあった第一および第十一の両戦隊は、最初からキ84で訓練された第二十二戦隊にくらべて整備の面では苦労したらしい。

六月十二日、航本技術部の木村昇少佐は、キ84の部隊における状況を調査するため所沢にいた第十二飛行団をたずねた際、第十一戦隊の整備将校からつぎのような苦情を聞かされた。

一、五月末までに五十四機受領したが、操縦のほうは未修者三十数名、整備のほうはさらにおくれている。そのうえ、基幹人員の補充交替もある。

二、部品の補給がほとんどない。仕方がないので直接、中島の荻窪工場へ人をやったり、整備隊に頼んだりしている。

三、油温の上昇、点火系統の故障、原因不明の内部故障、工具の不足、油洩れなどの故障対策には自信なし。酸素が不足し、これでは飛ばせるわけにはゆかない。

そのいずれもが、すでに第二十二戦隊では経験ずみのことばかりだった。とくに部品補給の問題では、第二十二戦隊でも斎藤少尉のようなやり手を必要としただけに、深刻だったらしい。

五月ごろ、第十二飛行団長川原八郎中佐の巡視があったが、第二十二戦隊にやって来た飛行団長は、先の第一、第十一両戦隊にくらべて稼働率が高く、その原因が部品補給の差にあることを知り、整備隊長の中村大尉にいった。

「こちらは部品補給がうまくいっているようだが、ほかの部隊が困っているようだから、ひとつ融通してやってくれんか」

さもありなんと中村は思ったが、自分のところでも必要最小限を確保するのに苦心惨憺しているのだから、他の部隊に対しても、極力努力するよう督励していただきたい、と体(てい)よく断わった。

先発隊を送り出して二ヵ月、もうそろそろと思っていたころ、突然、第二十二戦隊だけが中支に進出し、第五航空軍の指揮下に入る旨の命令が、大本営から下った。

行く先がフィリピンではなく中国大陸であることは意外だったが、おそらくこれは、新戦闘機キ84の、そして第二十二戦隊の小手だめしではないかと想像された。派遣期間が比較的短いらしいことも、この想像をうらづけた。

中支派遣は地上勤務も全員空輸で、十機内外の輸送機と、ほかに大型グライダー三機が使用されることになり、出発は八月二十日と決まった。

出発前夜、戦隊本部の粗末な戦隊長室に、岩橋少佐と、これまでつきっきりでトラブル解決や整備に協力した中島飛行機の飯野技師、近藤大尉、審査部整備将校の新見中尉らが集まり、ささやかな壮行の宴が開かれた。といっても、あるものはいつもの高粱(コーリャン)めしにわずかな肴だけ。岩橋が、とっておきの恩賜の酒の口を切ってふるまった。

背はあまり高い方ではなかったが、やや童顔、好男子で気性のさっぱりした岩橋は、女性によくもてる戦闘機パイロットの中でも、とくにもてた。話はさかのぼるが、昭和十四年秋、ノモンハン事件が終わったあと、満州のハルピンに駐留していた飛行第一戦隊に日本人女学校の生徒たちが見学にやって来た。このとき案内役を仰せつかったのが第三中隊長の岩橋譲三大尉だったが、颯爽(さっそう)とした岩橋の青年将校ぶりに一目ぼれした女学生がいた。のち、その女学生とのロマンスは実を結び、岩橋は結婚した。

ノモンハン以後、内地に帰った岩橋は、しばらく明野の教官をつとめたのち、優秀な技量をかわれて十六年三月、航空審査部に引き抜かれた。そして、手塩にかけて育てたキ84の初陣をみずから飾るべく今度の出陣となったが、最後の夜といっても、とくに気負った様子もなく、「淡々としていて、実にりっぱだった」と飯野が述懐しているように、岩橋の態度はいつもとかわらなかった。

その夜、飯野ら三人は宿舎にとまり、翌朝、岩橋の部屋に別れの挨拶に行った。

「お世話になった。じゃ、行ってくるよ」

まるでその辺に演習にでも行くような調子で岩橋が部屋を出ていこうとしたとき、飯野は机の上に軍刀が置き忘れられているのに気づいた。

「岩橋さん、刀、刀……」と飯野が軍刀を渡すと、「や、すまん」といった感じで、岩橋がニコリとした。そして、飯野たちにとってこれが岩橋の見おさめとなった。

外は快晴だった。八月二十日早朝、澄み切った夏空を背に、今日の門出を祝うかのように丹沢がクッキリと浮かび上がって見えた。飛行場では、四十機の戦闘機と十機あまりの輸送機のエンジン試運転の轟音の中で、整備員たちがキビキビと動きまわっていた。

やがて定刻、戦隊長の合図で戦闘機隊がいっせいに離陸を開始した。二千馬力エンジンの爆音が一段とたかまり、朝日にプロペラをキラめかせながら離陸して行く新鋭戦闘機「疾風」の姿には、身ぶるいするような凛々しさがあった。

つづいて輸送機隊九七重爆が離陸する。うち三機は、うしろに八百キロちかい機材を満載した大型グライダーを引っぱっている。長さ一千二百メートルあまり、非舗装の中津飛行場での離陸が心配されたが、無事あがった。曳行されるグライダーには正副のパイロットが乗っていたが、海上飛行で万一のことがあってはと、三機とも機材だけを積み、兵員はすべて輸送機に乗った。

経路は中津—太刀洗—南京—漢口の順で、一、二の故障機を除き、ほとんど全機が無事に漢口に着いたが、途中ちょっとしたトラブルがあった。

大刀洗飛行場から南京に向けて出発する際、ほとんど全機がエンジン不調で離陸不能となってしまったのである。中村隊長らがいろいろしらべた結果、どうやら燃料不良とわかった。もちろん、燃料は九十一オクタンのものを使用したのであるが、納入されてから長期間保存されている間に、オクタン価が自然に低下し、そのまま飛行場大隊から補給されたためであった。当時は、製造年月や貯蔵期間に応ずる航空燃料の品質管理がなされていなかったのである。

謎の戦隊長自爆

八月二十四日、漢口に到着した第二十二戦隊は、第五航空軍の隷下に入り、周辺の慣熟飛行や敵情についての習得を終わると、ただちに任務についた。整備員も中津から行った人数だけでは不足なので、先にフィリピンに派遣されていた先発隊の一部を呼び寄せ、合わせて百名ほどになっていた。

飛行隊は、天候のゆるすかぎり早朝に漢口飛行場を出て前進基地である白螺磯に行き、夕暮れとともに漢口に帰るのを日課とした。戦隊の任務は、第一に「一号作戦」を実施中の地上部隊の後方兵站線の上空掩護、第二に他戦隊と協同してシェンノート中将の指揮する在支米航空軍を主体とする敵航空部隊の撃滅、第三は漢口周辺の要地防空だった。

在支米航空軍も前年の十八年ごろは百機前後でたいしたことはなかったが、急速に勢力を増して五月五百機、六月には六百機に増強され、戦闘機はおなじみのカーチスP40のほかP51ムスタング、P47サンダーボルト、P38ライトニング、爆撃機もB24リベレーター、B25ミッチェル、B29「超空の要塞」など新型も加えて一大勢力に成長していた。

航空基地は柳州、桂林地区、遂川(すいせん)地区、建甌地区など南支各地に展開するほか、成都周辺に一大飛行場群を建設し、B29による南満州、北九州、台湾などに対する戦略爆撃を企図している模様だった。

一号作戦全般図

これに対するわが第五航空軍の勢力は、十九年五月ごろは二百三十機程度あったが、八月には百六十機にまで減っていた。これでは、強化された敵航空兵力を航空部隊だけで撃滅することは困難なので、地上作戦によって敵の航空基地を奪い取り、あるいは無力化しようと支那派遣軍では考えた。これがいわゆる「一号作戦」で、さらに中国大陸を鉄道によって南北を連結させ、仏印から満州までの陸上輸送路を確保しようする遠大な計画にも寄与するものだった。

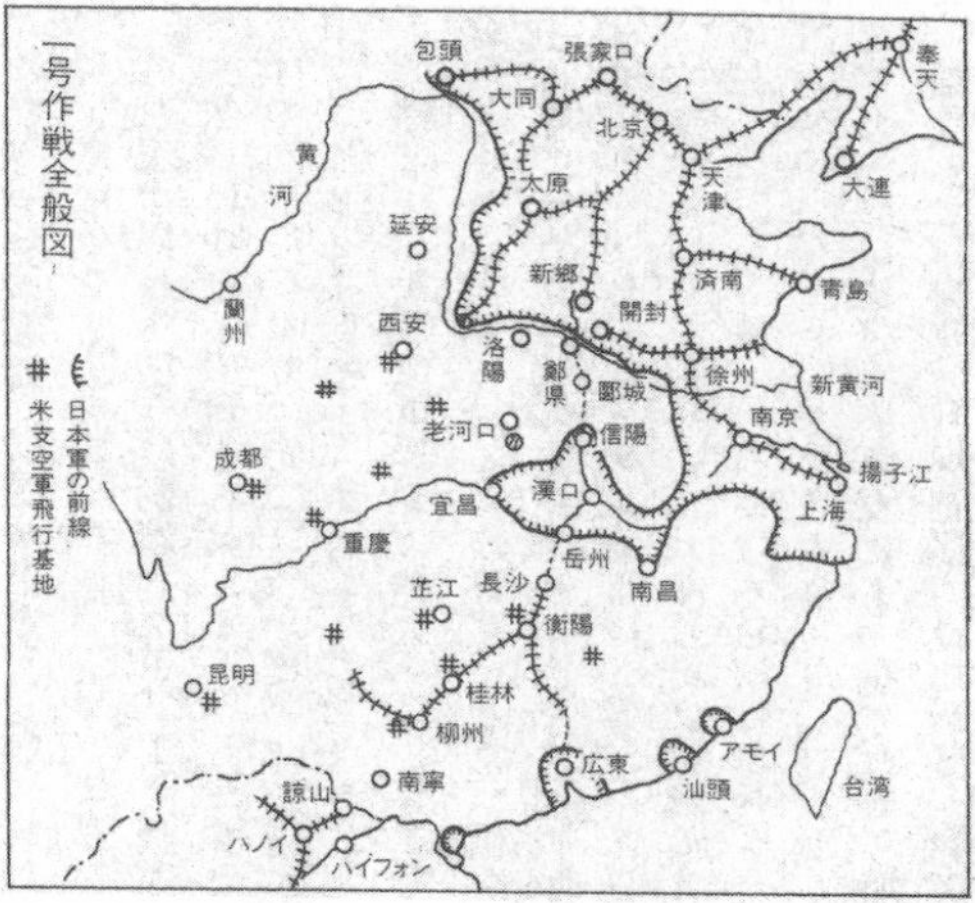

この作戦を達成するためには航空兵力が不足なので、第二十二戦隊をふくめて三個戦隊が一時的に第五航空軍に増強されたのである。またこの作戦は、つぎの決戦場と予想されるフィリピンでの「捷一号作戦」に対し、直接間接に関連を持つものと考えられた。

任務は湘江上空の哨戒が主だったが、八月二十八日岳州、二十九日衡陽、三十日長沙上空、九月五日、七日零陵、十二日衡陽、十七日芷し江こうと、戦爆連合あるいは戦闘機隊だけの進攻作戦もおこなった。

哨戒任務は、敵のB25が主な対象だった。数機のB25が、爆撃機だけ、あるいはときに戦闘機を随伴してわが後方兵站線の妨害にやってくるのを攻撃し、追い払った。この期間中のわが戦果は、撃墜、撃破合わせて四十機くらいで、この哨戒中のものがもっとも多かった。

全般的に見てこの期間は、敵味方ともあまり大々的な攻撃をおこなわず、新鋭戦闘機隊としてはいささかもの足りない感があったが、整備隊長の中村大尉は、この間の事情をつぎのように語っている。

「敵味方ともに、本格的な航空撃滅戦を実施する条件、環境になかったのではないか。すなわち土地の広大なこと、飛行場の数は多いが、保有戦力が少ないこと、たがいに補給が困難なため現有勢力は虎の子の貴重なもので、のるかそるかの決戦がやりにくかったこと、地上協力から輸送妨害、哨戒、要地に対する散発的爆撃、防空、掩護、敵飛行場など任務の範囲がひろすぎ、航空撃滅戦をおこなう余裕がなかったこと、たとえ実施したとしても効果が期待薄であったこと、などの理由によるものだろう。

うに受け取れた。

とにかく両者とも、兵力をあまり消耗せずに各種任務をうまく遂行しようとしたよ

しかし、少数機によるゲリラ的活動はかなり活発で、ちょうど蝿を相手にしているような具合で、たたこうと思えば逃げ、ほおっておけばうるさくチョッカイをかけてくるという、やっかいで気のゆるせない相手だった。

もうひとつの特徴は、相互に情報網がよく発達していたため、これを充分に活用して、きわめて上手な戦闘をやっていたことだ。たとえば、某基地に多数の敵機が集中しているという情報でわが方が奇襲攻撃をかけようとすると、離陸とともにその情報が敵に伝わり、敵機はすばやく退避してしまう。逆に敵側がまとまった兵力でわが方に攻撃をかけるべく離陸すると、まもなくこの情報はわが方に伝わる。そこで、わが方が本格的な邀撃をおこなうべく大挙出動すると、敵編隊はいちはやくそのことを知って攻撃を断念、途中から引き返すといった具合で、双方がまともにぶつかって大空中戦を展開する機会がほとんどなかった。

しかし、パイロットたちは度かさなる出動で日を追って技量をあげ、戦場周辺の地形、気象から敵の戦法にいたるまですっかり呑みこみ、初陣の若武者たちも戦争になれて戦果はしだいにあがっていった。

やはりキ84は優秀で、米空軍のP47、P51戦闘機などとは互角以上に、B25クラスの爆撃機に対しては格段の差をもって戦うことができた」

こうして多種多様な任務をこなしていた第二十二戦隊に、さらにもうひとつあたらしい任務が付加されることになった。

九月中旬のある日、漢口にある第五航空軍の戦闘指揮所によばれた岩橋戦隊長は、帰ってくるなり各隊長を呼んで司令部の命令を伝えた。

「また、うちの部隊に臨時の任務が付加された。最近、敵は成都周辺に集結したB29による南満州、北九州などの長距離爆撃を開始したが、わが戦隊はこれまでの任務を続行しつつ、上級司令部から命令があれば北支の新郷飛行場に移動し、B29の帰路を邀撃することになった。各隊はそのつもりで必要な準備をし、いざというときにまごつかないようにしてもらいたい」

各隊長は、諒解してそれぞれの部署にもどったが、整備隊長の中村は、移動先の新郷飛行場での受け入れ準備が気になったので、午後あらためて岩橋にたずねた。

「戦隊長、新郷に行くのはいいが、向こうには九十一オクタンの燃料はあるんですか？ オイルも隼と同じではダメですよ。それにメタノール液、二十ミリの弾薬、タ弾（対地攻撃用の特殊爆弾）の準備などはどうなんですか？」

「そうか、そいつはうっかりした。当然、そんなことはやってあると思って、確認しなかったよ」

「それでは、司令部に行って確認してきます」

当時、どこの飛行場でも、隼のための受け入れ準備はできていたが、新鋭の四式戦に対してはまだ手を打ってなかった。戦場の常とはいいながら、命令だけが先行していたのだ。

中村はすぐに司令部に行って、後方主任の前川国雄少佐（のち航空自衛隊、空将）に会った。果たして、準備は万全ではなかった。前川は岩橋戦隊長と同期で、中村よりずっと先輩だったが、中村の熱心な訴えを聞き入れた。

「それはすまなかった。すぐ手配しよう。帰ったら戦隊長にもよろしくいってくれ」

それから二、三日は日中、白螺磯に行き夜は漢口に帰るという、これまでどおりの日課がつづいたが、九月二十日早朝、軍司令部から、「今日は白螺磯行きをやめて待機せよ」という緊急電話が入り、しばらくして、「本日早朝、B29数十機が成都周辺基地を離陸、東進せりとの情報が入った。飛行第二十二戦隊はあらかじめ指示したところにもとづき、その帰路を邀撃せよ」との命令が伝えられた。また、整備員などの空輸には輸送機を二、三機協力させることも示された。

このころ、はじめ四十機ほどあった戦隊の保有機も消耗などで三十機ほどに減り、この日の稼働機は二十四、五機だった。岩橋は各中隊長と相談して、練度の高い二十名を選抜、これに見合う約三十名の整備員や機材とともに午前十時、新郷に向けて出発した。

漢口と新郷飛行場間は大体六百キロから七百キロ、巡航速度で二時間ほどの距離である。昼ごろに新郷に着き、昼食、それから飛行機の整備、休憩などとすると、おそらく爆撃を終えて帰るB29の北支通過は午後二時から四時ぐらいになるだろうから充分に間に合う。迎撃戦終了が四時として、無理して帰れば夜の八時ごろには帰れるが、一泊するとなると翌日の午前中に帰ってくることになるだろう。

「米空軍の新鋭爆撃機B29に対し、果たして四式戦はどのくらい戦力を発揮できるだろうか？　きっと、すばらしい戦果を土産に、意気揚々と帰ってくるにちがいない」

漢口に残った戦隊員一同、期待と不安のうちに午後となり、時間は三時をまわった。そろそろB29との遭遇が近いぞ、と緊張して待っていると、聞きなれた爆音が耳に入ってきた。上空を見上げると戦闘機だ。しかも、尾翼のマークは第二十二戦隊の菊水ではないか。このマークは和歌山県出身の岩橋が、同郷の忠臣楠正成にあやかって楠家の家紋である菊水をとり入れたものだった。

Ｂ29の帰路を迎撃したにしてはいやにはやいな、と中村は不審に思いながら、降りて来た岩橋を出迎えた。

「いやー、から振りだったよ。向こうに着いたら今朝の情報は誤りだったという五航軍司令部からの連絡が入っていたんだ。司令部に照会しようにも連絡の方法がなくてね。それで、昼食をすませて帰って来たんだ」

情報、通信設備の不備は、日本軍に共通した欠陥であったが、電話網も充分ではなく、電報のやりとりは時間がかかるといった具合で、連絡はほとんど上級司令部からの一方通行が通例であった。

ところが、しばらくすると司令部から戦隊長に、「ただちに出頭せよ」という電話が入った。

「来たな」といった顔で、岩橋はすぐ出て行ったが、夕方の六時をまわったころ、やや興奮した面持ちで帰ってくるなり、怒ったような口調でいった。

「オイ、中村。また行くぞ」

「新郷にですか？　これから？」

「そうだ。俺が夜間飛行のできるのを七、八名選定するから、その連中の飛行機だけ準備してくれ」

中村は不審に思ったが、すぐ飛行機の整備を命じたのち、戦隊長の食事をピストに用意させた。

「戦隊長、いったいどうしたんですか?」

不機嫌に食事を口に運ぶ岩橋に、中村はそっとたずねた。

「どうもこうもない。軍司令部のバカ参謀どもとやり合って来たんだ」

吐きすてるような口ぶりである。

「今日のことですか……」

「そうだ」

芯が強く、自分の納得がいかないことには絶対に妥協しない岩橋の性格は、かねてから知っていた。第十二飛行団当時も飛行団長の川原中佐から、利かん気の男だから、よくお仕えしろよ、といわれていたが、任務には忠実な隊長のことだ、何かよほど腹にすえかねることがあったな、と思った。

「向こうの連中は、俺が今朝の情報がまちがいだったと聞いてすぐ引き揚げたのは、けしからんというんだ。俺は、われわれは本来の任務をちゃんと持っており、新郷に行って邀撃するのは付加任務だから、その任務の根拠となるべき情報がまちがいだとわかったら、すみやかに本来の任務に復帰するのが本当だと考えて帰って来たんだ。軍司令部でそういったんだが、認めてくれんのだ。俺は、まちがっているとは思わん。そうだろう、中村」

「はい……」

時間から考えて、どうやら一時間か一時間半はやり合って来たらしい。だが、岩橋と軍司令部との間には、どうも意見の食いちがいがあったようで、中村があとで聞いたところによると、B29東進の情報はまちがいだったが、そのかわり、最近、B29の帰路を掩護させるため西安に進出して来た敵戦闘機群を奇襲攻撃させようと軍司令部では考えていたらしい。

結局、この件は納得しないまま、任務は任務として今夜中にふたたび新郷に行き、明早朝、西安を攻撃することを承知して帰って来たのだった。

すでに今日は、新郷を一度往復して四時間以上も飛んでいるので、かなり疲労しているはずだ。しかも、これから夜間飛行となるのに、整備員を送るための輸送機は出せないというので、戦闘機隊だけをやらなければならない。

戦闘機が、しかも昼間一度行ったきりのところへ夜間飛行で行こうというのに、なぜ輸送機が飛べないのか?

中村は不審でならなかったが、ともかく、戦隊長以下数機を新郷に向けて発進させた。

離陸したのは夜の七時過ぎ、さいわい天気は良かったが、広大な中国大陸とあっては地上の目標となるものがない。戦隊長以下、コンパスだけを頼りに一路北上をつづけた。

まず落下タンクの燃料から使いはじめ、からになったところで切りはなし、機体内の燃料タンクに切りかえた。時間は刻々と過ぎ、燃料もそれにつれて減っていく。幸い、岩橋は航法の名人だった。やがて夜目にもそれとわかる、白く光る黄河らしい大河が眼下に見えてきた。新郷はもう近い。燃料はまだ三、四十分はもつ。しかし、黒々とした台地の、いったいどこにあるのか、飛行場はなかなか発見できない。だんだん不安がつのり、もし見つからないまま燃料切れとなれば、背面になって落下傘降下する以外にないと肚（はら）を決めた。

ちょうどそのとき、前方かすかに空を照射している光芒を発見した。近づいてみると、どうもスペリー（上空に向けて照らす飛行場照明灯）らしい。光をたよりに降下して行くと、果たして飛行場だった。着陸してみるとまさしく新郷である。時刻はすでに九時をまわっていた。

一方、残された漢口基地では、大きなさわぎが持ち上がっていた。戦隊長以下を送り出して十分ぐらい過ぎたころ、整備小隊長の一人が青い顔をして中村のところにやって来た。

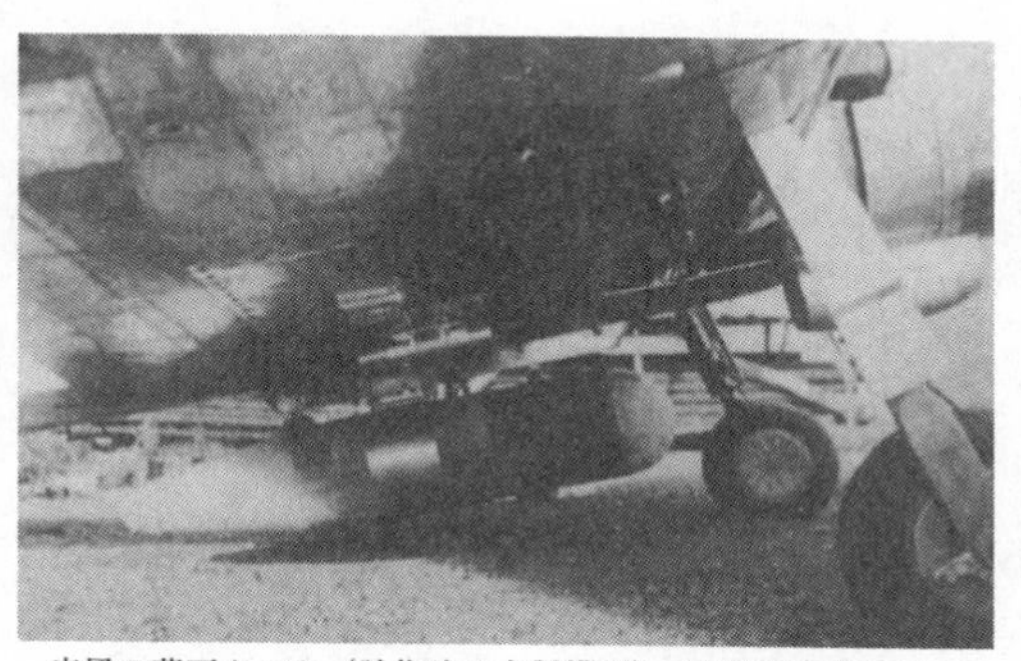

疾風の落下タンク（試作時の木製模型）。22戦隊の悲劇は、燃料パイプのパッキングが隼と疾風で異なることから生じた。

「隊長、申しわけないことをしました」

「どうした？」

「落下タンクのパッキングを持たせてやるのを忘れました」

「なにッ、それはえらいことになったな」

中村もドキッとした。

落下タンクを機体に取り付ける際、間にゴムのパッキングを入れる。これは一回ごとに取りかえなければならないので、整備員がついて行けないときには、二、三個ずつパイロットに持たせてやらなければならない。ところが、落下タンクは統一規格で一式戦隼も四式戦疾風も共通に使えたのに、なぜかパッキングだけ少しサイズがちがうのだ。

新郷には隼用のはあるが、疾風用はない。ゴムだからだましだましなんとか使えないこともないが、なれた疾風の整備員でなければうまくやれない。落下タンクが取りつけられなければ、距離からいって新郷から西安を攻撃することは無理だ。わずか直径四センチほどの小さなパッキングだが、ことは重大である。

いまさら設計をうらんでみてもはじまらないし、飛行機でとどけようにも、夜間、単機で新郷まで飛べるパイロットは残っていない。しかも、電話は通じないし、電報ではらちがあかない。残された道はふたつ、戦隊長以下が落下タンクを落とさずに新郷まで行ってくれるか、隼用のをむりやり使うかである。

神に祈るより仕様がない、と責任者である中村は肚をきめた。

だが、落下タンクは落としていた。新郷に着いた戦隊長以下のパイロットたちは、疲労困憊した肉体に鞭うって飛行後点検を終わり、落下タンク取り付けを飛行場大隊所属の整備兵にたのんで仮の宿舎に引き揚げた。

ところが、中村が心配したとおり、疾風になれていない整備兵には無理だった。どうもうまくいかない、と報告を受けた岩橋たちは、疲れた体をひきずってふたたび飛行場におもむいた。胴体の下で窮屈な姿勢で、ほのかな灯火を頼りにパイロットたち

これに対するわが第五航空軍の勢力は、十九年五月ごろは二百三十機程度あったが、八月には百六十機にまで減っていた。これでは、強化された敵航空兵力を航空部隊だけで撃滅することは困難なので、地上作戦によって敵の航空基地を奪い取り、あるいは無力化しようと支那派遣軍では考えた。

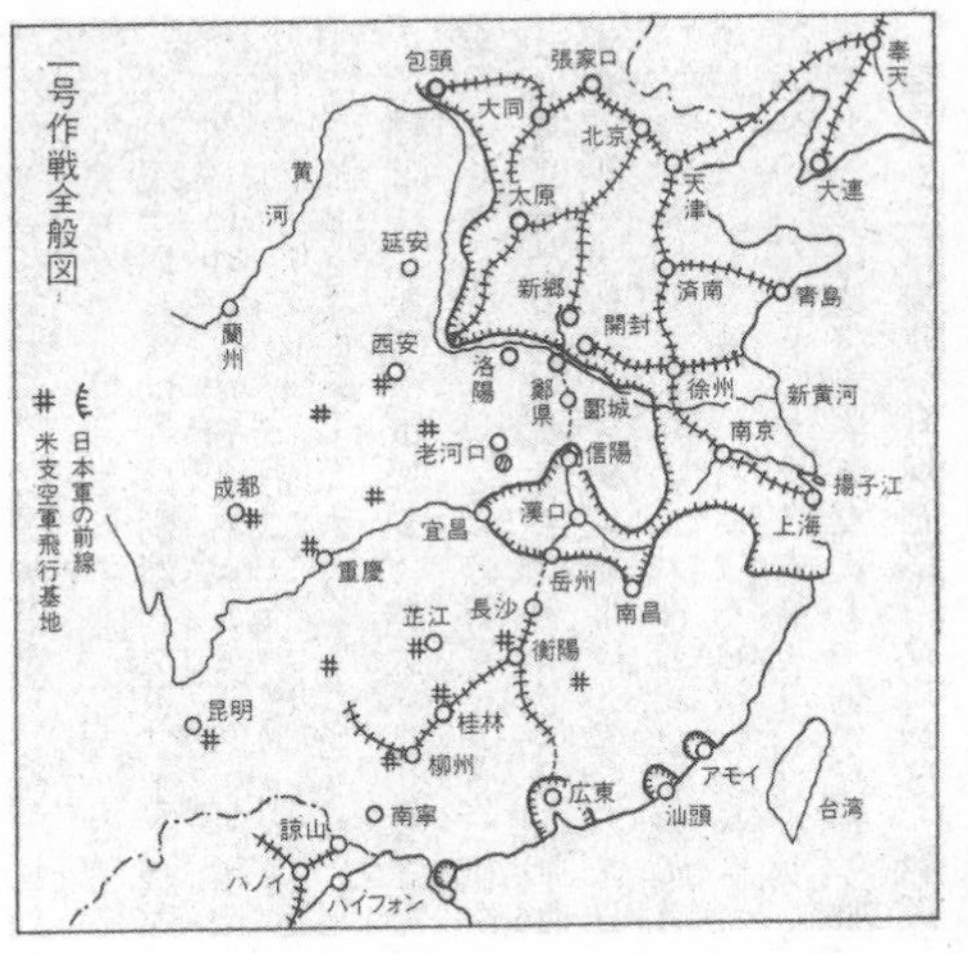

一号作戦全般図

これがいわゆる「一号作戦」で、さらに中国大陸を鉄道によって南北を連結させ、仏印から満州までの陸上輸送路を確保しようとする遠大な計画にも寄与するものだった。

この作戦を達成するためには航空兵力が不足なので、第二十二戦隊をふくめて三個戦隊が一時的に第五航空軍に増強されたのである。またこの作戦は、つぎの決戦場と予想されるフィリピンでの「捷一号作戦」に対し、直接間接に関連を持つものと考えられた。

任務は湘江上空の哨戒が主だったが、八月二十八日岳州、二十九日衡陽、三十日長沙上空、九月五日、七日零陵、十二日衡陽、十七日芷し江こうと、戦爆連合あるいは戦闘機隊だけの進攻作戦もおこなった。

哨戒任務は、敵のB25が主な対象だった。数機のB25が、爆撃機だけ、あるいはときに戦闘機を随伴してわが後方兵站線の妨害にやってくるのを攻撃し、追い払った。この期間中のわが戦果は、撃墜、撃破合わせて四十機くらいで、この哨戒中のものがもっとも多かった。

全般的に見てこの期間は、敵味方ともあまり大々的な攻撃をおこなわず、新鋭戦闘機隊としてはいささかもの足りない感があったが、整備隊長の中村大尉は、この間の事情をつぎのように語っている。

「敵味方ともに、本格的な航空撃滅戦を実施する条件、環境になかったのではないか。

すなわち土地の広大なこと、飛行場の数は多いが、保有戦力が少ないこと、たがいに補給が困難なため現有勢力は虎の子の貴重なもので、のるかそるかの決戦がやりにくかったこと、地上協力から輸送妨害、哨戒、要地に対する散発的爆撃、防空、掩護、敵飛行場など任務の範囲がひろすぎ、航空撃滅戦をおこなう余裕がなかったこと、たとえ実施したとしても効果が期待薄であったこと、などの理由によるものだろう。

も手伝った結果、ようやく戦隊長ほか二、三機の落下タンクを取り付けることができた。

「うちの隊の整備兵がいてくれたらなあ」

思わず口にしたくなるほどの難作業で、あとの飛行機はどうしても取り付けられない。

時刻はすでに午後十一時を過ぎた。明日はまた朝五時ころまでに、飛行準備を完了しなければならない。今日はすでに六時間以上も飛び、しかも最後は夜間飛行だったから、隊員たちの疲労もはなはだしい。岩橋は、これ以上作業をつづけることは無理と判断し、作業を中止して寝るよう命じた。

明けて二十一日、まだ薄暗い新郷飛行場に試運転の爆音が、早朝の冷気をつん裂いて轟きわたった。この日の出撃は、落下タンクのついた三機だけの予定だったが、落下タンクのつかない久家進准尉がどうしても行きたいというので、途中までということで参加させることにした。

まず戦隊長機が離陸したが、後続の三機のうち一機は離陸滑走中に滑走路面の凹凸に脚をひっかけて出撃できず、二機だけがあとを追った。だが視界のよくきかない暁闇の空とあって空中集合がうまくいかず、戦隊長と編隊を組めたのは久家准尉だけで、

アメリカの代表的な2000馬力戦闘機、リパブリックP47サンダーボルト。岩橋戦隊長は西安でP47と激突して戦死した。

結局、西安に向かうのはたった二機になってしまった。

それでも、任務とあらば行かねばならない。

白く光る黄河の流れを指針に、二機は、よりそうように西航すること約一時間半、そろそろ西安が近いと思われるあたりから、高度をグッと下げた。岩橋の航法は正確無比だった。まさに前方に西安の秘密飛行場が見えてきた。

おりしも、東から昇る朝日が二機の姿を敵の目からくらます、理想的な攻撃態勢となった。地上には列線に二、三十機のP47サンダーボルト戦闘機がならび、キラキラとプロペラをまわしている。

奇襲は成功であった。

低空からさらに降下、列線をなめるように掃射する。機首を引き上げ、二撃、三撃を加え、さらにタ弾攻撃。このころになって、やっと敵の対空砲火が火を吐きはじめた。

数個所から黒煙が上がる。飛行機が燃え、右往左往する人影が手に取るように見える。だがこちらも二機、しかも残弾もわずかとなった。すでに十数機の撃破は確実だ。

　このとき、燃える敵列線の中から、滑走路に出て離陸滑走を開始した敵機がいた。最後の一撃とばかり岩橋機がこれをめがけて降下に入り、久家機もつづいて降下した。ところがどうしたことか、岩橋は射撃をしない。

「弾丸がないのか？」

　久家がいぶかる間にも、岩橋は、ものすごいスピードで離陸滑走中の敵機に突進をつづける。

　おかしいぞ、と思った瞬間、わずかに浮きあがった敵機と岩橋機が衝突した。一瞬、ひとつになった塊りがはじけ飛んで、空中に四散した。輝く朝日の中、それは夢のような光景だった。

　そのまま超低空で飛行場上空を通過した久家は、機首を引き上げて戦隊長が敵機と衝突したあたりを見た。飛び散った機体の破片がくすぶる中を、数機のＰ47が離陸している。彼は危険も忘れ、放心したようにそれを見つめたが、すぐわれに帰った。

　そうだ、帰って戦隊長の最期と今日の戦果を報告しなければ、そう思って機首を東に向け、離脱をはかった。敵機は追って来たが、太陽に入る久家機に対して有効な攻撃ができず、あきらめて途中で引き返してしまった。

敵機の追尾をのがれ、一難去った久家機には、さらにもう一つの困難が待っていた。彼は落下タンクをつけていなかったのだ。もし敵地にでも不時着したら万事休すだ。はやる心を押さえ、スロットルを絞って燃料を節約しながら飛びつづけ、幸運にも友軍の占領地域に滑り込むことができた。黄河の河原に胴体着陸した久家は、友軍に収容され、二日後に帰って来た。

「戦隊長自爆！」

泣きながら話す久家のまわりで、あまりのショックに隊員たちは声もなく立ちすくんだ。

第二十二戦隊のかずかずの活躍に対して、下山五航軍司令官から部隊感状が授けられたが、この栄誉も戦隊長を失った隊員たちの心の大きな空洞を満たすことができなかった。こうして、ガンちゃんの愛称で知られ、推定二十機以上の個人撃墜記録を残した好漢岩橋譲三中佐（戦死後進級）は還らぬ人となった。

「戦闘機ですら行ったのだから、あのとき輸送機を一機つけて、せめて七、八名でもいいから整備員をつけてやれたら全機出撃でき、奇襲はもっと大きな戦果となって戦隊長以下、大威張りで帰れたものを……」と嘆く戦隊員たちの言葉は、何ものかにぶつける、いいようのない怒りにみちていた。

飛行機も人員もほぼそろっていたが、戦隊長を失った第二十二戦隊は、戦力回復命令が出たため飛行機約二十機を四式戦に機種改変する現地の第二十五戦隊に渡し、十一月二日、人員だけが輸送機で内地に帰り、一ヵ月半ぶりになつかしい丹沢の山々と対面した。

昭和十九年十月はじめ、岩橋戦隊長を失った第二十二戦隊が内地引き揚げに際して残していった約二十機の疾風をひきついだ第二十五戦隊は、一式戦隼三型との混成部隊となり、同じく疾風を装備して鍾馗との混成部隊となった第八十五戦隊とともに、中部および南部支那方面のわが戦闘機隊主力として、在支アメリカ空軍と対決した。

第二十五戦隊は、戦隊長をつぎつぎに失う不運に見舞われながらも健闘をつづけた。また第八十五戦隊（戦隊長・斎藤藤吾少佐）のはじめのころの活躍はめざましいものがあった。とくにプロペラ・スピンナーと尾翼を赤く塗った若松幸禧大尉（第四十一期操縦学生）の空戦ぶりはきわ立っていた。

鍾馗から疾風にかわっての初戦である十月四日の悟州攻撃では、大久保操軍曹（少年飛行兵七期）とともに宿敵P51ムスタングを二機ずつ攻撃し、この二人で十月中に九機を撃墜する戦果をあげ、疾風の優秀性を実証した。

しかし、その若松大尉も、十二月八日の漢口に対するB29、B24、B25、P51など戦爆連合百数十機の三時間にわたる波状攻撃の際の邀撃戦で戦死（死後二階級特進で中佐）したのをはじめ、第二十五、第八十五両戦隊とも戦力の大半を失ってしまった。どんなに性能のよい飛行機をもってしても、どんなに技量のすぐれたパイロットをもってしても、絶対的な数の優位の前には、いつかは撃墜されなければならない空戦の掟から、だれも逃がれることはできなかったのだ。

第七章　全戦闘機、特攻出撃せよ

幻の大戦果

　昭和十九年六月はじめ、九七式重爆撃機や百式重爆撃機「呑龍」などが訓練のためさかんに発着している愛知県浜松飛行学校の校長室に、航空審査部飛行実験部長の今川一策少将がやって来た。

　学校長の山本健児少将は、陸士同期生である今川の来訪を気軽に迎えたが、要務の打ち合わせのあと今川がいった言葉は、彼をおどろかせた。

「山本。近く編成される台湾の第八飛行師団の師団長に、貴公が内定しとるぞ」

「第八飛行師団だと。なんだ、それは?」

「台湾防衛の決戦航空部隊だよ。ま、栄転おめでとう」

「そうか、いや、先に知らせてくれてありがとう」

山本は、浜松飛行学校長に就任いらい一年余りになるが、あいつぐ消耗で戦力が激減したわが爆撃隊を再建すべく全力を傾けてきた。だから、ようやくその基礎もかたまって、いよいよこれから本格的な仕上げに入ろうとしていた矢先のこの転任は、残念という思いと、重要な任務を持つ新編成の部隊の師団長に抜擢(ばってき)された光栄とが、胸のうちに複雑に交錯した。


ことは急を要する。まだ蟬(せみ)の声にははやい六月十日、第八飛行師団司令部が、東京三宅坂の第一航空軍司令部内に誕生した。ここで二十日たらずの間に師団編成を終えた山本師団長は、幕僚らとともに重爆二機に分乗、六月二十九日、調布飛行場から九州新田原をへて沖縄に飛んだ。ここで沖縄守備の第三十二軍司令官牛島満中将および山本と同期の参謀長長勇少将に挨拶をしたあと、任地の台湾に向かった。沖縄の戦備が意外におくれているのが、山本の気にかかった。これからほぼ一年ののち沖縄は敵の手に陥ち、牛島、長両将軍とも戦死しているから、山本とはこれが最後の出会いとなった。

第八飛行師団が台湾に進出した前後、すなわち昭和十九年六月上旬から七月下旬にかけて、米軍は中部太平洋に攻撃を指向、サイパン、グアム、テニアンなどがあいついで敵の手に陥ち、わが絶対国防圏の一角が崩れ去った。
そこで大本営は、つぎの敵の進攻を四方面に想定し、七月末、それぞれに「捷号」の名を冠した作戦準備を発令した。
捷一号　フィリピン方面
捷二号　南西諸島（沖縄）および台湾方面
捷三号　本土（北海道を除く）
捷四号　千島および北海道方面
この計画によると第八飛行師団の作戦担当区域は「捷二号」に該当した。そこで台湾に進出した師団の各部隊は、「捷二号」作戦発令に際して、本土その他から来援する友軍部隊を受け入れるための基地群の建設や、敵の反復攻撃に対する防御対策、敵艦船に対する攻撃訓練などを大急ぎではじめた。
この間、敵の機動部隊も、つぎの攻撃準備のためしばらくなりをひそめていた。両軍とも来るべき決戦に備え、もっぱら戦力の整備にときを費やしていたわけだが、このところ戦闘の主導権はいつも敵側がにぎっていた。

九月十六日、敵は大機動部隊の掩護のもとに果然、パラオ諸島のモロタイ、ペリリュー島に、つづいてアンガウル島に上陸した。この敵の動きはあきらかにフィリピンをめざしていると判断した大本営は、九月二十一日、「捷一号」作戦準備を発令し、陸海軍航空部隊はぞくぞくと九州南部、沖縄、台湾に集結をはじめた。

戦機、にわかに動く。十月に入ると、海軍航空部隊による洋上索敵はいちだんと厳重になり、見えぬ敵機動部隊をもとめて連日、哨戒機が飛んだ。

十月九日午前八時四十五分、索敵に向かった第七六二海軍航空隊の一機が、宮崎県都井岬の百四十度、四百五十カイリ付近で無線連絡を絶った。この哨戒機が最後に見たものは、十七隻の空母とこれを護衛する戦艦五隻、巡洋艦十四隻、駆逐艦五十八隻からなるミッチャー海軍中将指揮下の米第五十八機動部隊であった。

十月十日、ついに敵はその姿をあらわし、午前六時四十分から午後四時まで四次にわたり、沖縄、奄美大島、沖江良部など南西諸島を、延べ四百機の艦載機をもって攻撃した。大本営はただちに「捷一号」および「捷二号」作戦警戒を発令した。

十月十二日、台湾東港を飛び立った第九〇一海軍航空隊のレーダー装備の索敵飛行艇隊は、午前三時までに台湾最南端のガランピ岬の百度から百三十度の間、百六十カイリの地点に敵機動部隊四群がいるのをレーダー・スクリーン上にキャッチした。

「敵機動部隊発見……」の無電により、ただちに台湾全土に空襲警報が発令された。

全島に展開した陸海軍航空部隊は、いっせいに出動準備をはじめ、まだ薄暗い飛行場には殺気がみなぎった。敵は、これまでさんざん威力を見せつけられてきた第五十八機動部隊だ。これを受けて立つ台湾のわが航空部隊の主力は、陸軍の第八飛行師団と海軍の第二航空艦隊（二航艦）で、サイパンでの苦い経験にもとづく陸海軍航空部隊の統一運用の必要から、第八飛行師団は連合艦隊司令長官の指揮下に入っていた。このとき、豊田連合艦隊司令長官は、たまたまフィリピン視察の帰途、台湾にたちよっていたのだ。

午前六時四十五分、輝くような朝空の中に、キラキラ光る無数の小粒があらわれた。この日、延べ約一千機をもって台湾を荒らしまわった敵機動部隊艦載機の第一波襲来だった。第八飛行師団としては、敵の台湾上陸までは原則として敵機に対する迎撃をしない方針だったが、二航艦が、九州南部および沖縄から発進するT部隊とともに、全力を挙げて敵機動部隊攻撃をおこなうことになったため、来襲する敵機の迎撃を引き受けることになった。

このとき第八飛行師団が台湾に保有していた第一線機はおよそ百機で、このうち敵機迎撃に飛び立てるのは、第十一戦隊の四式戦疾風三十機、第二十戦隊の一式戦隼三十機、それに集成防空第一飛行隊の飛燕、隼混成の十五機、合わせてわずか七十五機の単座戦闘機であった。

この貧弱な勢力で六百機以上のグラマンF6Fと戦わなければならないのだから、はじめから勝負は問題にならなかった。しかし、山本師団長は、あえて〝全滅を覚悟の迎撃〟を命じた。

戦闘はこの日から三日間つづいたが、予期されたとおり、圧倒的に優勢な敵の前に、第八飛行師団は戦力の大半を失ってしまった。しかし、十七日の大本営発表によって海軍側の攻撃成功を知り、その捨て石となり得たことが、わずかな救いであった。

その大本営発表による「台湾沖航空戦」の総合戦果とは、つぎのようなものであった。

轟撃沈　空母十隻、戦艦二隻、巡洋艦三隻、駆逐艦一隻

撃　破　空母三隻、戦艦一隻、巡洋艦四隻、艦種未詳十一隻

つまり敵機動部隊の主力は全滅にひとしい打撃をこうむり、以後の作戦行動は不可能と思われるほどの戦果であった。

ところが、最初は連合艦隊司令部も大本営海軍部も、このとおり戦果を信じていたのだが、その後の偵察機の報告によって、潰滅したはずの敵機動部隊が空母十三隻を

中心に、まるで何ごともなかったかのように悠悠と南下中であることを知り、愕然とした。これが、のちの作戦の大きな誤算の因となるのだが、なぜかこの誤りを知りながら、海軍は陸軍に知らせようとしなかった。

昭和19年8月、フィリピン戦に赴く前の第11戦隊幹部将校。前列右端が四至本大尉、3人目が金谷戦隊長。後方は疾風。

三日間におよぶ戦闘で、わが航空部隊は大敗を喫したが、個々の戦闘では優勢な敵に対して勇敢な戦闘を展開した。この期間、奇しくもほぼ同時期に設計を開始した二千馬力エンジン「誉」つきの陸海軍戦闘機部隊が台湾にいた。陸軍は内地からフィリピンに向かう途中、一時的に台湾に駐留して第八飛行師団の指揮下に入った四式戦疾風の飛行第十一戦隊。海軍は局地戦闘機紫電の第三四一海軍航空隊（獅子部隊）戦闘四〇一飛行隊であった。

海軍の紫電隊の奮戦については、拙著『最後の戦闘機紫電改』（光人社刊）に書かれてあるので、ここでは陸軍の飛行第十一戦隊について述べよう。

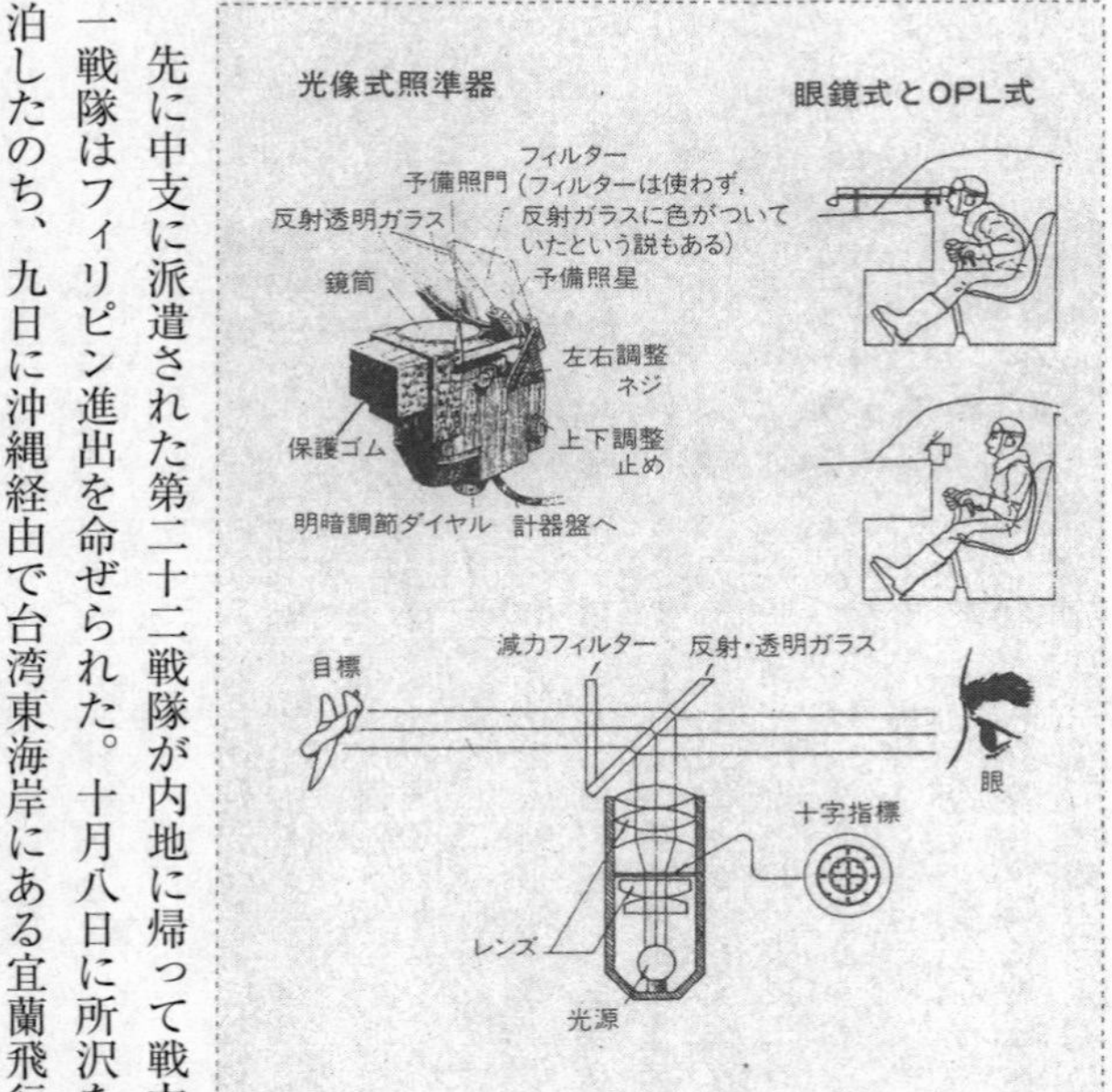

飛行第十一戦隊は、第一戦隊とともに陸軍戦闘機隊の中でも屈指の名門で、昭和十九年三月、所沢で四式戦への機種改変に着手した。柏を基地とする第一戦隊、中津基地の第二十二戦隊とともに第十二飛行団を形成し、四式戦装備の精鋭部隊としてもっとも期待されていた。

先に中支に派遣された第二十二戦隊が内地に帰って戦力回復をやっている間に、十一戦隊はフィリピン進出を命ぜられた。十月八日に所沢を出発、宮崎県の新田原で一泊したのち、九日に沖縄経由で台湾東海岸にある宜蘭飛行場に到着した。ちょうど海軍の紫電隊のいる西海岸の高雄岡山飛行場とは反対側の位置である。

到着して三日目の十一日夕刻、はやくも敵来襲の報に接したが、この日、敵は宜蘭にはやってこなかった。しかし、夜おそく出動待機命令が出たので、翌十二日午前二時には、全員が飛行場に急行して警戒態勢に入った。台湾に進出した第十一戦隊の戦力は約四十機だったが、宜蘭飛行場の収容能力が貧弱なので、一個中隊を台北に分派しなければならなかった。通信施設が不備なため、これでは戦力が二分されてしまう不安があった。

OPL（反射光像式）照準器による目標映像。疾風だけでなくほとんどの日本機に使用された。

もう一つ、飛行場が悪いことも不安だった。台湾には「竹風蘭雨」という諺（ことわざ）があるが、〝新竹の風、宜蘭の雨〟はそれほど有名で、第十一戦隊が到着していらいずっと雨が降りつづいていた。このため飛行場は、田圃（たんぼ）の中に一本だけ舗装路が走っているような状態となり、ちょっとでも車輪が滑走路をはみ出そうものなら、ぬかるみに足を取られてたちまち転覆というおそれがあった。

戦隊としては、夜明け前に離陸して迎撃態勢をとりたかったが、あいかわらず雨が降りつづき、雲は低かった。この状態では、たとえ離陸しても空中集合は困難であり、戦隊としての行動はとうてい無理と判断された。出動すべきかせざるべきか、若い戦隊長の金谷少佐は決断に迷ったが、前線指揮官として、出動困難を自分から口にすることは彼のプライドが許さなかった。

「基隆（キールン）上空、あるいは台北上空に集結する敵機を見つけて攻撃せよ」という命令に忠実に服することを決意し、夜明けとともに、一機ずつ水しぶきを上げて飛び立った。

あとの戦闘の模様は、第二中隊長四至本久之丞大尉の手記にゆずろう。

「わたしが中隊長編隊の数機を従えて基隆上空に達すると、すでに、敵艦上爆撃機の攻撃で数隻の艦船が炎上しているのが見えた。上空は灰色の雲が低くたれこめ、八百メートルくらいしか高度をとれない状態だった。

旋回飛行をしているとき、前方に敵艦爆一機を発見し、ただちに攻撃すべく接近をはじめた。うまく下方にもぐりこみ、約三十メートルぐらいの距離に近づいて、一撃をあびせた。この一連射だけで敵機は、黒煙を吐いて墜落していった。基隆上空にはなおもグラマンF6Fが旋回していたが、こちらが追いかけると、すぐ雲中に姿をくらますといったことを、しきりにくりかえした。こうした悪天候下では、敵もわれわれ同様に、戦力の集中がむずかしいのだなあと思った。

すっきりしない敵機との追いかけごっこをしばらくやっているうちに、燃料が残り少なくなったので、中隊の三機とともに新竹飛行場に着陸した。このときすでに飛行場は、敵の攻撃でかなり破壊されていた。

わたしたちの後に金谷戦隊長が降りて来たので、その後の指示を仰いだところ、あくまで基隆上空掩護の命令を守るという明快な判断だった。そして燃料と弾薬の補給もそこそこに、わたしたちを引きつれてすぐに邀撃(ようげき)にあがった。

戦隊長直率のわたしたち四機が基隆上空に来てみると、グラマン約二十機がわがもの顔に飛んでいるではないか。前回よりは雲もいくらか晴れ、三千メートルぐらいの高さとなっていた。

『戦闘開始！』の合図を友軍機に送ると、わたしはすぐにグラマン一機をつかまえ、後方にまわりこんで一撃をあびせた。黒煙を吐き、バランスをくずした敵機をやり過ごしたが、すぐに姿勢を回復すべく上昇しなければならなかったので、撃墜は確認できなかった。このとき、不意に背後から一撃された。翼内タンクに命中したらしく、炎がふき出し、次いでわたしは黒煙に包まれた。

脱出よりほかなしと判断したわたしは、頭の上にある脱出用ハンドルを引いた。風防が飛び、まわりが急にひらけた。はげしい風圧とたたかいながら座席を思いきり蹴り、わたしは地表に向け降下する愛機の中から飛び出した。パラシュートが開いてゆっくり降下をはじめたとき、グラマンが一機わたしを目がけて攻撃をかけてきたが、ただちにこれを発見した戦隊長や僚機が、この憎むべき無法者を追い払ってくれた。

基隆西方の山中に降下したわたしは、歩きつづけて二日後に、台北の第八飛行師団司令部にたどり着いた。これでわたしは、三日間の戦闘で、戦隊長の戦死をはじめ、わが戦隊がほとんど全滅にちかい状態になっていることを知らされた。

うすうす予想はしていたものの、心の中で必死に打ち消していた戦隊長や部下たちの死に、まったく胸がふさがる思いだった」

敵機にやられた自分が助かり、自分を助けてくれた戦隊長や僚機が戦死してしまったことに四至本大尉は深い悲しみをおぼえたが、このあと戦隊長と中隊長二人を一挙に失った戦隊をひきいていかなければならない重責を思うと、いつまでも悲しんでいることは許されなかった。明日はわが身、これが戦う者のさだめと思い切り、翌日から戦隊長代理として生き残った部下たちと戦隊の建て直しに取りかかった。

そして十月二十二日、「捷一号」作戦の発令とともに本来の任務につくべく、第十二飛行団長川原中佐指揮のもとに、たった七機でルソン島のマルコット基地に進出した。

レイテ決戦の主役「疾風」

大本営は、米軍がフィリピンのレイテ島に上陸するであろうことを、充分な確信をもって予測していた。それは、対日戦に割りこむまでは戦争がながびくことを望んでいたソ連の外務省筋が、モスクワの駐ソ日本大使にうっかり〝漏洩〟してしまった連合国側の重要機密情報が、強い裏づけとなったといわれる。

これより先、フィリピンへの敵の進攻を十月下旬以降と判断した大本営陸軍部は、双方がぶつかった場合のわが航空戦力を、つぎ（次頁表）のように見積もっていた。

これに対する敵航空戦力は、

戦闘機　　五百五十

攻撃機　　一千三百

合計一千八百五十機と予想し、この数字上からすれば双方ほぼ互角の勢力であり、ガップリ四つに組めるはずであった。

		陸軍	海軍	計	合計
現在	戦闘機	一二〇	六〇	一八〇	三六〇
	攻撃機	一二〇	六〇	一八〇	
第一次転用	戦闘機	一八〇	一九〇	三七〇	六七〇
	攻撃機	九〇	二一〇	三〇〇	
第二次転用	戦闘機	六〇	一三〇	一九〇	四三〇
	攻撃機	六〇	一八〇	二四〇	
第三次転用	戦闘機	一二〇	二〇〇	三二〇	三九五
	攻撃機	二五	五〇	七五	
合計		七七五	一〇八〇	一八五五	一八五五

（当時、大本営参謀だった秋山紋次郎中佐によると、フィリピンにいた第四航空軍の十月はじめごろの保有機数は五百～五百五十機で、このうち可動機数は二百五十機前後だったといわれる）

十月九日、ちょうどミッチャー中将麾下の第五十八機動部隊が沖縄をうかがっていたころ、第七飛行師団の百式司令部偵察機が、ニューギニアのホーランディア、ビアク方面に艦艇をふくむ一大船団が碇泊しているのを発見した。まさしく連合軍のフィリピン上陸の意図を示す重大な情報であった。先のサイパン、パラオ諸島、モロタイ島などの占領は、フィリピン上陸のための伏線であり、そのあと第三十八機動部隊による沖縄など南西諸島および台湾の大空襲は、フィリピン上陸作戦の前に日本軍の増援勢力を徹底的に叩いておこうという意図だった。

こうして、二方向から大艦隊をフィリピンに集中し、一挙に上陸を成功させようという敵の作戦は、十月十七日、レイテ湾口のスルアン島に対する攻撃によって開始された。

「〇八〇〇、敵の一部は、スルアン島に上陸を開始せり。われは機密文書を焼き、敵を攻撃して玉砕せんとす。天皇陛下万歳」

暗号にする暇もないような平文の電文を最後に島からの連絡は絶えた。この日、低気圧の前ぶれか天候は良くなかったが、敵艦載機延べ約一千機がフィリピン全土を襲った。

十月十九日、陸海軍の哨戒機が同時にフィリピン東方海面に数群の機動部隊および大輸送船団を、またレイテ湾内には戦艦、空母をふくむ艦艇約三十隻、輸送船約百隻を発見、ついに大本営は決戦場をフィリピン方面と指定する「捷一号」第一次下令を発動した。

しかし、この作戦に際して、陸軍側にはひとつの大きな誤算があった。それは、海軍はすでに台湾沖航空戦の〝大戦果〟が誤認であることを知っていたが、その事実を知らされていない陸軍は、敵のレイテ上陸を無謀な作戦と断じ、敵撃滅の絶好のチャンスと思い込んでしまったことである。というのは、大本営発表どおり機動部隊の空母勢力がほとんど壊滅し去ったとすれば、艦載機による掩護は微弱であり、航空掩護はパラオ、モロタイなど遠距離の基地からに限られ、レイテ上空の制空権はわが軍の手に帰すると考えたからだ。この間に地上部隊が反撃すれば、ヨーロッパにおけるダンケルクの再現も夢ではない。

〝幻の大戦果〟のうえにたった夢の勝利予想であったが、もし陸海軍航空部隊のフィリピンへの集中が計画どおりすすんだとしたら、必ずしも夢とばかりはいえなかった。なぜなら、敵もまた上陸地点の上空掩護は艦載機によるだけで思うにまかせず、上陸日の二十日から月末にかけての活動は、延べ機数で多い日で三百数十機、少ない日は百機あまり、平均して二百数十機ほどで、むしろ低調といえる状況だった。だから、もし陸海軍の増援機の集中が思うようにいけば、絶好の勝機がそこにあったかもしれなかった。

敵の輸送船団がレイテ湾に進入した十月十八日現在、フィリピンに展開していたわが航空兵力は、陸海軍合わせておよそ五百機あったが、実働機数はその半分にもみたなかった。

そこで陸軍の第四航空軍は、内地や沖縄、台湾からの増援兵力がそろうまでの間、保有の主力部隊をネグロス島に進出させて攻撃をおこなったが、十月十九日から二十三日までの間、悪天候にわざわいされたせいもあって、出動したのは延べ七十六機にすぎず、多い日で二十機あまり、少ない日は十機程度という情けない有様だった。また海軍も、東方海上の敵機動部隊に対し神風特別攻撃隊をふくむ攻撃隊を発進させたが、これも敵を発見できないまま、かえって飛行機と搭乗員の損失を招く結果となった。

こうして約一週間、上陸したばかりの敵のもっとももろかった時期に有効な集中攻撃ができないままに、反撃のチャンスはしだいに遠ざかっていった。

しかし、日本側も手をこまねいていたわけではない。

海軍は、栗田中将指揮下の戦艦「大和」「武蔵」をはじめ戦艦五隻、巡洋艦十二隻、駆逐艦十五隻よりなる第一遊撃部隊本隊と、西村中将の戦艦二隻、巡洋艦一隻、駆逐艦四隻の第一遊撃部隊支隊をボルネオのブルネイ泊地から、志摩中将の巡洋艦三隻、駆逐艦四隻の第二遊撃部隊と、小沢中将の空母四隻、戦艦二隻、軽巡三隻、駆逐艦八隻よりなる第一機動部隊本隊を豊後水道から、それぞれレイテめざして出動させ、さらに第二航空艦隊百八十機を十月二十二日、フィリピンに進出させた。

これに対して、米軍側がこの作戦海域に投入した兵力は、ハルゼー中将の米第三艦隊所属の制式空母九隻、軽空母八隻を基幹とする第三十八高速機動部隊と、上陸部隊を直接支援する護衛空母十八隻をもつキンケイド中将の第七艦隊で、米艦艇二百十六

昭和19年9月29日、明野飛行学校で撮影された甲種飛行学生の記念写真。前列右から坂川敏雄少佐（第22戦隊長）、松村黄次郎大佐、青木武三少将（第30戦闘飛行集団長）、高橋武中佐（第200戦隊長）。2列中央、溝口雄二少佐（第11戦隊長）

隻（揚陸用舟艇、掃海艇、油槽船およびその他の補助艦艇はふくまず）、オーストラリア二隻、将兵十四万四千名という史上空前の大艦隊であった。

　だが、いかに大艦隊であろうとも、攻撃目標はレイテ湾だけだ。栗田艦隊はひたすらこのレイテ湾突入をめざして進撃した。その日は、十月二十五日と予定された。空からの総攻撃は海軍が二十三日、陸軍が二十四日、つまり栗田艦隊突入前に敵をかなり叩いておこうというねらいだったが、天候の都合で海軍も一日のび、陸海軍の攻撃日は一致して二十四日となった。

　二十三日までの好機に全力出動をしなかったのは、こうした作戦計画があったためだったが、このためかえって戦力の消耗をはやめ、総攻撃前日の二十三日現在で、陸軍の第四航空軍（四航軍）の兵力は、各飛行師団を合わせても二百三十二機にすぎず、このうち出撃可能なのは、半数にも満たないというみじめな状態だった。このうち、戦闘機隊の主力は四式戦疾風だけで編成された第三十戦闘飛行集団で、あとは少数の一式戦隼と三式戦飛燕の部隊があるだけだった。時代はすでに隼から疾風にかわったことを、まざまざと示していた。

第三十戦闘飛行集団は、つぎのような編成であった。

集団司令部　集団長青木武三少将

第十二飛行団　第一、第十一、第二十二戦隊

第十六飛行団　第五十一、第五十二戦隊

　　　第二百戦隊

このうち第五十一戦隊は小月で、第五十二戦隊は大阪で、それぞれこの年の四月二十八日に編成され、陸軍戦闘機にその人ありと知られた新藤常右衛門中佐を飛行団長とする第十六飛行団を構成した。

第二百戦隊はフィリピン決戦にそなえて特別に編成された部隊で、十月十二日、明野飛行学校の教官、助教を中心に誕生した。決戦部隊の主力ということで、機材、人員ともにとくに二個戦隊分が配当され、六個中隊編成という特異な戦闘機隊だった。戦隊長は、もと第二十四戦隊長の高橋武中佐、副戦隊長は第二十五戦隊長として中国戦線で勇名をはせた坂川敏雄少佐で、八十機の大勢力を擁ようし、のちに冨永第四航

空軍司令官みずから「皇戦隊(すめら)」と名づけるほど大きな期待がかけられた。

第三十戦闘飛行集団は、定数三百機ちかい大戦闘機隊になるはずだったが、実際は、すでに戦力を消耗して数が激減した戦隊や、機動がおくれて集中未完了の戦隊があったりで、十月二十三日現在の可動兵力は、第十二飛行団の第一、第十一両戦隊合わせて二十五機、第十六飛行団の第五十一、第五十二両戦隊合わせて十三機、そして到着したばかりの第二百戦隊の先発隊十二機だけで、翌二十四日に第一戦隊の後続十機、第二百戦隊の第二陣三十五機が加わって、ようやく百機ちかい戦力となった。

各戦隊は、主としてネグロス島のマナプラやサラビア飛行場に展開して戦うことになったが、到着したばかりの部隊が、なれない戦場ですぐに戦力を発揮できるわけがなく、しかも通信、情報連絡システムの不備から、各飛行隊ごとのバラバラな出動となり、彼我の兵力比率をますます大きいものとする結果となってしまった。

こうして、いよいよ陸海軍航空部隊による総攻撃当日となった。陸軍機は輸送船団および上陸地点、海軍は空母、戦艦などを攻撃するという事前の協定により、この日、三波にわたって出撃した延べ機数は陸軍機約百五十機、海軍機二百五十機以上で、はげしい対空砲火と敵直衛戦闘機群の妨害に加え、悪天候を衝いてレイテ湾とルソン島東方洋上にそれぞれ敵を求めて出撃、本格的なレイテ航空決戦が開始された。

しかし、敵にあたえた損害は予測をはるかに下まわり、航空攻撃によって上陸直後の敵に痛撃をあたえ、地上部隊によって圧倒する当初の目的を達成することはできなかった。また、翌日の連合艦隊のレイテ湾なぐり込みも、なぜかあと一歩のところで反転して引き返してしまい、空母四隻、戦艦三隻をふくむ艦艇二十九隻、飛行機五百機および兵員一万名におよぶ高価な犠牲の代償としては、あまりにも不徹底な攻撃ぶりであった。

この日の海上艦艇の作戦計画は、つぎのようなものであった。

一、小沢治三郎中将の指揮する機動部隊は、ルソン島北東方海面に進出して敵機動部隊を牽制し、その犠牲において栗田、志摩両艦隊のレイテ湾突入を可能にする。

二、栗田艦隊は二隊に分かれ、主力をもって北方から、一部（西村艦隊）をもって南方からレイテ湾に突入する（西村艦隊には、当然、主力のレイテ湾突入を容易にするという任務がある）。

三、志摩艦隊は、西村艦隊と同方面からレイテ湾に突入する。

小沢艦隊は作戦目的を達成してミッチャーの機動部隊をおびき出し、そのために艦隊は満身創痍（そうい）となった。ところが小沢艦隊の模範的陽動作戦に対し、栗田艦隊はレイテ湾突入の直前まで行きながら、なぜか任務を放棄して避退してしまったのだ。このため、せっかくの航空部隊やほかの艦艇の犠牲的行動がすべて無駄になったばかりでなく、以後の戦局そのものを大きく狂わせてしまった。

だが、敵も連日の戦闘で疲労したのか機動部隊が後退したため、レイテ上空に進撃するわが航空部隊に反撃する敵機の姿が一時消えた。この間、おくれていた増援部隊もつぎつぎに到着、ネグロス島の各基地に展開した第四航空軍は連日、延べ百数十機の攻撃をかけた。

このとき、飛行第一、第十一、第二十二、第五十一、第五十二および第二百の各疾風戦隊は、攻撃隊の主力としてネグロス島のマナプラ、サラビアなどの各基地から出撃して敵上陸地点を制圧、一時はレイテ上空の制空権はわが手に帰したかと思われた。とくに二十六日夕方、第十六飛行団の第五十一、第五十二両戦隊は、はやくも敵上陸地点のタクロバン飛行場に進出していた百機以上の中小型機に対し、わずか十数機でタ弾攻撃をかけ、大損害をあたえた。

しかし、敵もさるもの、翌二十七日夕方にはすっかり立ちなおって飛行場が使えるようになり、月末からは機動部隊艦載機にかわって陸上戦闘機ロッキードＰ38がモロタイ島を発進したＢ24と戦爆連合で、ネグロス島のわが飛行場群に対する攻撃を開始した。

十月三十一日現在、第二飛行師団の保有機数は三百二十四機で、このうち実動機数は百四十機だった。戦闘機だけをみると保有機数百六十九機に対して実動機数は八十七機、うち一式戦隼が二十機、三式戦飛燕が十七機、残り五十機が疾風で、悪い悪いといわれた疾風の可動率は、むしろ隼や飛燕のそれを上まわっていた。

十月二十日から三十一日までの四航軍麾下の第二飛行師団の飛行機の損害と補充は、次表のとおりであった。

機種	損害	補充
百式司偵	一二	一一
一式戦「隼」	三七	三五
二式複戦「屠龍」	三四	一三
三式戦「飛燕」	一八	二〇
四式戦「疾風」	六	〇
九九式襲撃機（含軍偵）	五四	二〇
九九式双軽	三二	三
百式重爆	一一	四
合計	二〇四	一〇六

つまり損害機数に対する補充は、わずか半分強といった状況で、十一月五日ころには第二飛行師団をふくむ四航軍全体の実動数百七十機に対し、レイテのタクロバン飛行場の敵陸上航空兵力は、二百五十機で、彼我の勢力は逆転した。

しかし、このころはまだ疾風をはじめとする陸軍戦闘機隊の踏んばりで、レイテ上空の航空戦の行方はどちらともつきかねる状況であった。

「疾風」の墓場フィリピン

十一月一日、海軍の決死的な協力のもとに、陸軍の第一師団を主力とする陸上部隊のオルモック上陸が決行された。このとき、敵の陸上基地から発進したP38、B24などの波状攻撃を受けたが、疾風戦闘機隊の奮戦によって敵の攻撃を阻止し、わずかに「能登丸」一隻の沈没だけで上陸作戦を成功させた。

この輸送掩護に際し、第二十四戦隊の吉良勝秋曹長（のち航空自衛隊、三等空佐で退官）は、単機でP38の十機編隊を攻撃して二機を撃墜し、冨永第四航空軍司令官により即座に准尉に特別進級させられた。

このほか、出動直前にB24の空襲を受けた第五十一戦隊は、戦隊長中島凡夫少佐みずから二機を撃墜したのをはじめ、タ弾攻撃などによって、ほかにも数機を撃墜破した。また一日置いて三日には、常深（つねみ）不二夫曹長が単機でP38を二機撃墜するなど疾風の威力をまざまざと示した。なお常深曹長も即日准尉に進級させられた。

このほか、かわっていたのは第二十四戦隊の場合だった。もともとこの部隊は一式戦隼装備の戦隊であったが、十月二十三日、レイテ航空決戦にあたって、セレベス島

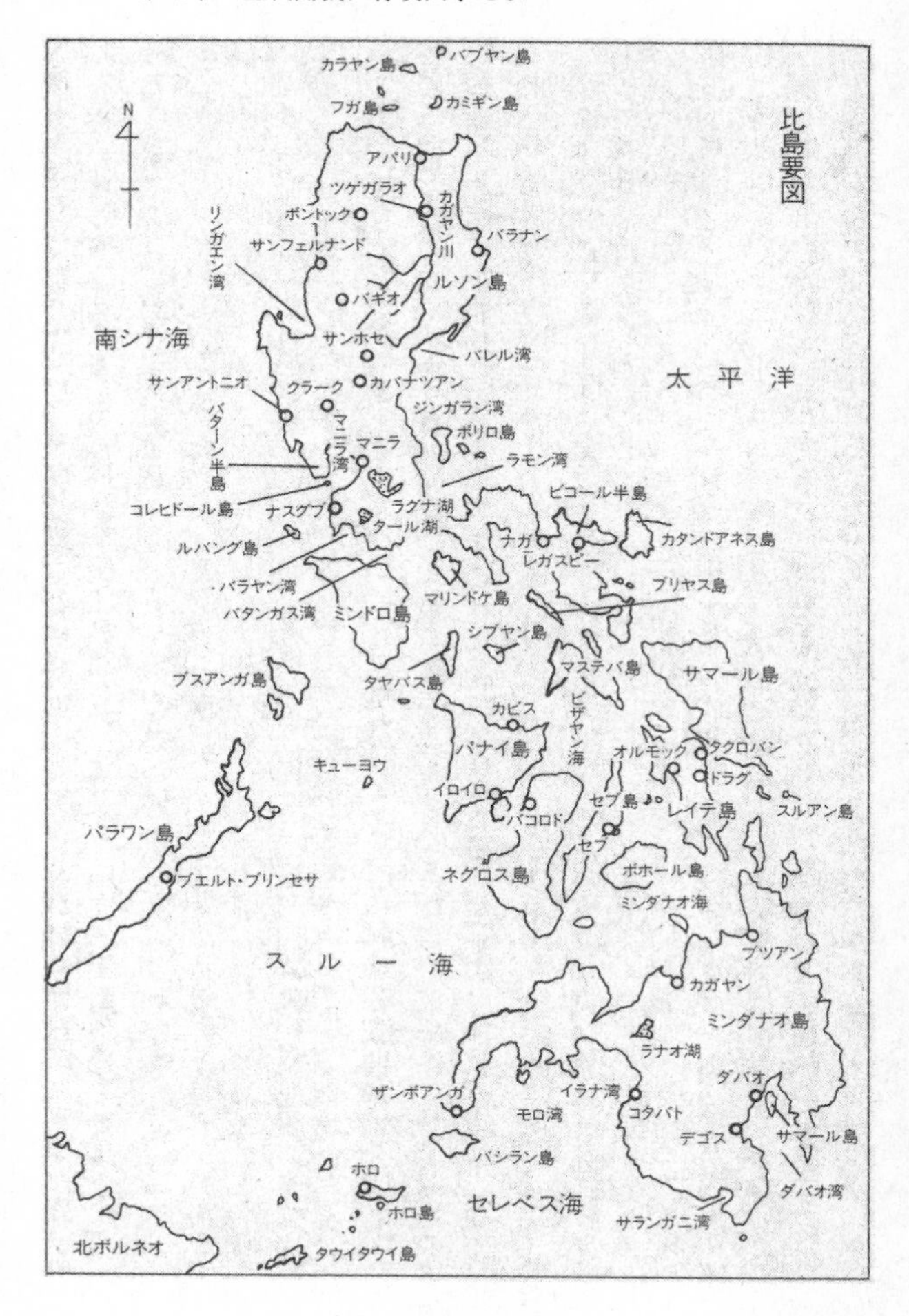
比島要図
N
バブヤン島
カラヤン島
フガ島
カミギン島
アパリ
ツゲガラオ
カガヤン川
ボントック
リンガエン湾
サンフェルナンド
バラナン
ルソン島
バギオ
南シナ海
サンホセ
バレル湾
サンアントニオ
クラーク
カバナツアン
太　平　洋
バターン半島
ジンガラン湾
ポリロ島
マニラ湾
マニラ
ラモン湾
コレヒドール島
ナスグブ
ラグナ湖
ピコール半島
タール湖
ナガ
カタンドアネス島
ルバング島
レガスピー
バラヤン湾
ブリヤス島
バタンガス湾
ミンドロ島
マリンドケ島
シブヤン島
マステバ島
サマール島
ブスアンガ島
タヤバス島
カピス
ビザヤン海
パナイ島
オルモック
タクロバン
キューヨウ
ドラグ
イロイロ
セブ島
レイテ島
スルアン島
パラワン島
バコロド
セブ
ネグロス島
ボホール島
プエルト・プリンセサ
ミンダナオ海
スルー海
ブツアン
カガヤン
ミンダナオ島
ラナオ湖
ダバオ
ザンボアンガ
イラナ湾
コタバト
モロ湾
デゴス
サマール島
バシラン島
ダバオ湾
ホロ
セレベス海
ホロ島
サランガニ湾
北ボルネオ
タウイタウイ島

メナドからネグロス島のファブリカ飛行場に進出した十五機の中には、二機の四式戦疾風がふくまれていた。

ファブリカは疾風が集まっているバゴロドやマナプラに対し、隼の集結基地だったから、この二機の疾風は、なんとも〝異色〟であった。なぜなら、これらの疾風は、整備隊長の田口新大尉（陸士五十四期、のち富士重工宇都宮製作所生産部長）らが、よそで置き去りになっていた五機を組み合わせて再生したもので、軍隊流にいえば〝員数外〟だったのだ。もともとこの二十四戦隊は、古い伝統ある戦闘機隊だったから整備能力もたかく、使えなくなった飛行機を再生するのが得意だった。

あるとき戦隊の全力をあげてタクロバン飛行場を攻撃した帰途、P38の一群がついて来た。任務を終わって着陸するところをねらおうという〝送り狼〟のつもりだった。隼が編隊を解いて降りはじめたところをP38が襲った。彼らは、低空での格闘戦では隼にかなわないことをよく知っていたのだ。まさに隼のピンチと思われたのだが、このとき編隊の後尾についていた疾風が、敵の攻撃に気づいてただちにP38に攻撃をかけた。隼も疾風も見分けがつきにくかったことは、敵にとって不幸だった。不意をつかれてP38群がたじろいだすきに、態勢を立てなおした隼が反撃を開始、疾風と協同で十機以上のP38を返り討ちにしたという胸のすくような話がある。

　しかし、はなばなしい戦果の一方では、つねに悲しい影がついてまわるのが軍人の宿命である。

　十一月上旬、マナプラ飛行場でその悲劇は起こった。ここに展開していた第二十二戦隊は、連日来襲するB24に対し迎撃戦を展開していたが、その日もまた、来襲にそなえて何機かが上空にあった。やがて監視哨の敵機発見の第一報から十数分経ったころ、いつものようにB24が二十数機、五千メートルくらいの高度で東進してくるのが見えた。

「快晴の日だった。

　やってる、やってる、やってるという整備員の声にそのほうを見ると、ときどきキラリと小さな粒が見える。これがわが戦隊の戦闘機らしい。そのうちに『やったぞ！　撃墜だ！』という声。

　見れば、敵の一機が高度を下げながら編隊から離れてゆく。そのうちに飛行姿勢が乱れ、墜落し

米上陸軍が飛行場整備後、レイテの制空戦で日本機と死闘を演じたアメリカの主力戦闘機ロッキードP38ライトニング。

はじめた。しばらくすると翼が離れ、完全な空中分解の状態となった。思わずあちらこちらで万歳の声があがる。まったく、溜飲が下がるとはこのことだろう。整備員たちは、自分たちが整備した飛行機の活躍を目の前で見ることなどめったにないので、なかには涙すら浮かべている者もいる。

その日の戦闘でわが戦隊は撃墜三、四機、撃破数機の戦果をあげたように思う。なかでも中井孝中尉（陸士五十五期）は、一人で二機撃墜の戦果をあげ、即日、冨永軍司令官より武功賞を授与された。

中井中尉は中肉中背、白面の青年将校で、ふだんはおとなしい人だった。彼が飛行機から降りて来て戦隊長に報告するのを聞いていても、われわれの眼前であざやかに敵をやっつけたのがこのおとなしそうな中井君だとは、ちょっと信じられない感じだった。あとで知ったのだが、彼はすでにニューギニア戦線でもB24と何回かやり合った歴戦の勇者で、B24に対しては直上から垂直降下で操縦席をねらうのがもっとも有効だと話していたという。

この日の戦果で、わが戦隊には久しぶりに明るい空気がよみがえった。しかし、運命とは残酷なものだと、つくづく思わずにはいられなかった。

その翌日だったか、中井中尉の義兄という軍医大尉がたずねて来た。ちょうどそのとき、飛行隊は邀撃にあがっていたので、間もなく帰還するからと待ってもらった。その軍医大尉がいうには、義弟が同じネグロス島にいることは全然知らなかったが、昨日出された感状を見て、それが義弟であり、しかもりっぱな戦果をあげたとあって夢かとばかり驚き、うれしさのあまりひと言おめでとうを言いに来た、ということであった。

ところがなんという不運、不幸か。中井中尉はその日の戦闘でついに帰って来なかった。義兄の軍医大尉は、そうですか、とさすがにさびし気にいって部隊を辞したが、われわれはなんといってよいかなぐさめの言葉もなかった」

少佐に進級した整備隊長中村の沈痛な思い出の記である。

こうして彼我のはげしい制空権争いにも、やがて結着のときがやって来た。

それがはっきりしたのは、十一月半ばごろになってからだった。なにしろバックとなる国内の航空機生産能力と、それを戦場に結びつける補給能力に差がありすぎた。そのうえ、ふたたび出没するようになった機動部隊の航空勢力が加わったからたまらない。十月末に百四十機あった第二飛行師団可動機数は四十機あまりに落ちこみ、逆におどろくべきはやさで拡大された陸上基地の敵航空兵力は四百機にふくれあがった。

このほか、モロタイ島にも七百機が所在とあっては、もはやレイテ島周辺の航空戦の主導権は完全に敵の手に渡ってしまった。

こうなっては、だれの目にも戦局を挽回するのは不可能と見られたが、日本軍は依然として戦いを捨てなかった。わが身を爆弾もろとも敵艦船に突入する特別攻撃を続行する一方では、十一月二十四日から二十六日にかけて第四航空軍による第二次航空攻撃がおこなわれた。

内地からの増援をふくめ五十一機の戦闘機と爆撃機が敵の飛行場群を攻撃、この間に薫(かおる)部隊六十名を乗せた四機の輸送機がドラッグ飛行場に胴体着陸して決死の斬り込みを敢行した。このあと、十二月六日には、さらに大規模な空挺攻撃がおこなわれた。

この日、悪天候がつづいたレイテ周辺はめずらしく晴れ上がっていた。落下傘降下の高千穂空挺隊員約四百十名と胴体着陸四機の約五十名をのせた約五十機の輸送機隊が、戦闘機約五十機の掩護下に、おりからの燃えるような南の夕焼け空の中をレイテをめざしていた。その目的は、夕刻を期して奇襲的にブラウエン北および南、サンパブロ、ドラッグ、タクロバンの五飛行場に降下し、これに呼応してわが地上部隊が主としてブラウエン飛行場に突入して破壊しようというものであった。

当時、四航軍の主力として活躍した第三十戦闘飛行団も、機材、人員のはげしい消耗で第一、第十一、第五十一、第五十二の各戦隊が戦力回復のため内地に帰り、この日の攻撃に参加したのは残っていた第二百戦隊と少数の第二十二戦隊だけとなってしまった。しかも、この第二十二戦隊も戦力がほとんど底をつき、生存パイロットは十名あまり、保有機数は十機を下まわるありさまで、かつて中支戦線で四十機が勢揃いした威容は過去の夢となっていた。

以下は整備隊長中村の記述による当日の出動の模様である。

「十二月一日付で第二百戦隊の副戦隊長だった坂川敏雄少佐が、わが第二十二戦隊長として発令された。坂川少佐は陸士四十三期生で、当時の生き残りの戦闘機乗りとしては最古参のベテランともいうべき方だった。約半月くらい、わが戦隊は戦隊長不在の状態だったから、私はこの有名な戦隊長の着任をたいへん力強く感じた。

着任直後、坂川戦隊長は、私を呼んで重大な決意を打ち明けられた。

『近く第四航空軍は空挺集団をレイテ島の敵飛行場に降下させる予定だ。そして地上部隊の反撃とあいまって敵をやっつける。この作戦に成功するかどうかが、レイテ決戦の最後の天王山となるだろう。わが戦隊はもちろん、他部隊と協力して上空掩護の任につく予定だが、すくなくとも俺の搭乗機一機だけでも、整備をしっかりやって任務遂行に支障のないように努力してくれ。この作戦が終わったら、わが戦隊は戦力回復のため内地に帰ることになるだろう』

戦隊長のなみなみならぬ決意を聞いて、私は小隊長を集め、一機でも多く出動できるよう最善をつくして可動機の整備にあたることと、一番調子のよい飛行機を戦隊長機にあてることを指示した。連日の戦闘と敵の銃爆撃により、飛行機はいずれもひどい状態であったが、飛べなくなった機体の部品を流用しながらようやく、三、四機を準備した。

十二月五日決行の予定が、天候の都合で翌六日に延期された。夕刻ちょっと前、戦隊長以下わずか三機が離陸し、ネグロス島各地から飛び立った戦闘機に合流した。その数およそ三十機で、これにルソン島からの二十機も加わって五十機の戦闘機隊が、マナプラ北方から挺進団をのせてやって来た輸送機編隊と空中集合を終えた。

真っ赤な夕陽に翼を輝かせながら東方に去って行く約百機の大編隊の威容に、ここしばらく敵に圧倒されたような戦闘ばかり経験していたわれわれは、いいようのない感激をおぼえた。そしてひたすら、その成功を信じ、かつ祈った」

はげしい対空砲火と敵戦闘機の攻撃をおかし、決死の降下が強行され、戦闘機隊は空戦を交える一方では超低空に舞い降りて銃撃をくり返した。輸送機はほとんど全機が被弾し、あるものは夕陽よりもさらに赤い焔を吐きながら墜ち、無事帰って来たのはわずか二十機にすぎなかった。つづいて第二次降下隊を送る予定だった。レイテ周辺の天候が急変したため中止され、第一次降下隊支援のため攻撃隊だけが出動した。

残存兵力のありったけをかき集めて決行されたこの作戦も、地上部隊の進撃が思うようにいかなかったうえ、翌七日、オルモック湾に敵上陸というさらに重大な事態の発生で、あとの支援をつづけることができず、ついに一時的な成功に終わった。

坂川戦隊長は無事帰って来た。そしてかねての命令どおり戦力回復のため、残ったパイロット全員と整備隊長以下十五名の整備員が内地に帰ることになった。だが数日後、坂川戦隊長を乗せた輸送機が離陸後間もなく海上に墜落し、第二十二戦隊は初代の岩橋戦隊長につづいて三代目の戦隊長をも失うことになった。その後、ルソン島に敵が上陸するなど事態がますます悪化する中に、坂川戦隊長の遺骨とともに三十人たらずの隊員がなつかしの中津にもどったのは、昭和二十年一月の末であった。

わずか三ヵ月前、四十機のあたらしい飛行機とそれに見合うパイロットたち、および百数十名の整備隊員を擁して颯爽と出発した第二十二戦隊の、あまりにもさびしい帰還であった。

第二十二戦隊の後退にともない、先に戦力回復のため内地に帰っていた同じ第十二飛行団の第一、第十一両戦隊は、わずか一ヵ月で定数合わせて八十機をそろえ、ふたたびフィリピンに進出した。しかし、途中で脱落する機が多く、十一月十七日、ルソン島ポーラック飛行場に到着したときは半数に減っていた。

このころ米軍は、すでにミンドロ島に上陸し、マニラ、クラーク地区のわが飛行場群は、優秀な敵空軍の攻撃下にまったく制圧され、わずかばかりの機数と若い未熟なパイロットをもってしては、いかに疾風が優秀であろうとも、大勢をくつがえすことは、もはや不可能であった。

たとえば、かつての精鋭第十一戦隊がそのいい例だ。十一月はじめ着任した新戦隊長の溝口雄二少佐（のち松本シリコンスチール工業取締役）は、着任後わずか三日で戦隊の戦力回復命令が出たので、生き残りパイロット数名を引きつれて内地に帰り、下館で戦隊を再建した。

幹部としては歴戦の四至本大尉一人で、あとは飛行時間がせいぜい百時間か百五十時間程度の特別操縦見習士官と若い少年飛行兵出身者が大部分であった。中島飛行機宇都宮工場から飛行機をもらい（実際は航空廠から）、ともかく四十機をそろえて慣熟飛行と整備をやった。未熟の連中をいきなり高性能の疾風にのせたのだから、飛ぶのがやっとという有様だった。そして、ろくに訓練もできないうちにはやくも前線への出動命令が下った。

すくなくとも半年は必要な部隊編成を、わずか一ヵ月で切り上げるのだから無茶な話だが、とにかくフィリピンに進出するために必要な編隊飛行の訓練だけやって、十二月七日、フィリピンに向け出発した。ところが、新田原―沖縄―台中と来たところで、故障機が続出した。

整備不良というより、パイロットの未熟さによるものが多く、それも地上滑走中にエンジンのオイルクーラーのシャッターの操作をまちがえてオイルの温度を上げてしまって飛べなくするなど、ごく初歩的なミスが目立った。なんとか全機を引き連れと行こうとしても故障でらちがあかず、しびれを切らして飛行可能な十数機だけでフィリピンのポーラックに着いた。

このころになると、敵の陸上基地はすっかり整備され、P38、P47などが連日、百機ちかい大編隊でやってくる。こちらは、同じ飛行団の第一戦隊を合わせても三十機そこそこで、しかも空戦訓練などろくにやっていない新前パイロットばかりだ。これでは、とてもまともな戦闘はできない。そこで、溝口戦隊長は異例の訓示をやった。

「お前たちは、どうせ下手(へた)くそなんだから、空戦をやろうと思うな。とにかく、俺から離れないようについてこい。敵を墜とすことは出来ないかもしれんが、墜とされないようにだけはしてやる。絶対に勝手な真似をしてはならん」

たとえ空戦をやらなくとも、日本の戦闘機が十機以上も飛んでいれば敵もたじろぐだろうから、そろって飛んでいるところを見せるだけでいい、というのが溝口のはらだった。

進出して落ち着く間もなく、二十日には第一回の出動で、ミンドロ島攻撃に向かった。第一戦隊と第十一戦隊から一機ずつ特攻機を出すことになり、戦隊長以下十二機で掩護し、サンホセ沖合の敵艦船泊地上空に進攻した。

溝口は八機をひきいて特攻機の直掩、その後上方に四機編隊を配して上空掩護とした。ところが、下を見ると特攻機の目標とする空母がいない。にもかかわらず、空母の見分けのつかない特攻機はグングン降下をはじめた。

一緒に降下して、攻撃やめろ、とバンクして合図するが、カッとなっている特攻機は、気づかずになおも突っこんで行く。この間に上空掩護の四機編隊は、どんどん行ってしまい、とうとう行方不明になってしまった。ろくに戦闘訓練もやらずにいきなり戦場に投入された当然の結果だが、のこった八機で約五十分ほどサンホセ上空で制空に任じた。

P47やP38が空戦を挑んで来たが、一機がやられて落下傘降下したほかは、編隊の威力ではね返した。

疾風は丈夫な機体で、ある程度以上の技量のパイロットが乗れば、多少のことでは墜とされなかった。

あるとき、単機で哨戒に出た第十一戦隊の田村邦光准尉が、有利な体勢からP47に攻撃されて地上スレスレまで逃げたが、敵も優秀でどうしても振り離すことができなかった。座席を一杯に下げ、右に左に飛行機をひねって射弾を回避しようとしたが、背中の防弾鋼板に弾丸がガンガン当たるし、翼にも孔があきはじめた。もうだめだと思って胴体着陸を決意し、スロットルレバーを閉じた。

アメリカ軍の手にわたり、クラークフィールドでテストされる四式戦疾風。前方には零戦、手前に紫電の機首が見える。

ちょうどジャングルが切れて、下は草原になっていた。ところが、急に田村機のスピードが落ちたので敵機はつんのめってしまい、田村機にうしろを見せる形になった。しめたとばかり気をとりなおした田村は、こんどは敵を追いかけて撃墜して帰って来た。防弾が良かったからできた芸当で、ほかの飛行機ならやられていたにちがいない。

第一回のサンホセ攻撃以後は消耗一途で、とてもまともな作戦はできず、少数機による夜間攻撃に切りかえた。補充もあるにはあったが、消耗に追いつかず、進出わずか一ヵ月たらずで可動機六機、パイロットもはじめの半分以下に減ってしまった。

昭和二十年一月はじめ、敵軍のルソン島リンガエン上陸に際しては、第三十戦闘飛行団長の命令で戦闘機は全機特攻に転じることになり、第一、第十一、第二百戦隊およびレイテ航空戦後期に投入された同じ疾風装備の第七十一、第七十二、第七十三各戦隊の混成で、「精華」特攻隊を編成した。この特攻隊は二百五十キロ爆弾二個を翼下に抱いた特攻機と戦果確認機の二機のペアで出撃したが、中には、特攻機のあとを追って自分も突っこんだ隊員もあったという。

こうしてフィリピン戦線に投入された多数の疾風は、つぎつぎに姿を消し、フィリピンの戦場は疾風とそのパイロットたちにとって、文字どおり墓場となった。

余談だが、このとき放置された第十一戦隊の疾風は、占領後アメリカ軍によってすぐ修復され、クラークフィールドでテストされた。戦後、アメリカ本国に渡った二機のうち一機が、海軍のパイロットだった後閑盛正氏（山手不動産社長）によって買いもどされ、戦後二十八年目にして母国日本の空を飛んだことは、今なお記憶にあたらしいところである。

窮余のかっぱらい作戦

敵のルソン島の主要部占領をもって、フィリピンの戦闘は事実上、終わった。わが日本軍の惨憺たる敗北であった。攻撃は依然としてつづけられてはいたが、戦局の焦点はすでに、つぎの敵の進攻がどこに向けられるか、ということに移っていた。

昭和二十年二月中旬、大本営はそれをつぎの四方面のいずれかと予測し、それぞれに「天号」と名づける作戦準備をはじめた。

天一号　主として南西諸島および台湾
天二号　主として台湾
天三号　主として南中国沿岸および台湾
天四号　主として海南島以西

可能性としては「天一号」、すなわち南西諸島（沖縄をふくむ）および台湾がもっとも濃厚とみられた。そしてフィリピンの中期以降の戦闘がそうであったように、特攻攻撃を主体とし、陸海軍中央協定によってそれぞれ目標を、陸軍は敵輸送船団、海軍は機動部隊と決めた。いずれにせよ、台湾は巨大な不沈空母として陸海軍航空作戦の重要な要となり、防備をかためる一方では、あたらしい飛行機がぞくぞくと送りこまれていた。

ちょうどこのころ、フィリピンで特攻攻撃とその支援によって戦力を消耗した飛行第二十戦隊は、台湾に引き揚げていた。

内地からフィリピンその他の南方地域に送られる飛行機を押さえて戦力回復をはかるということで、屏東の南六キロにある潮州飛行場に展開していたが、装備機である隼の補充機がいっこうに来ず、戦隊の再建がおくれていた。

ところが一方では、疾風がどんどん送られてくる。陸軍航空輸送部のパイロットたちが乗ってくるのだが、故障とかなんとかいって屏東から動こうとしない。彼らにしてみれば、ここから先に行くことは、ほぼ確実な死を意味するのだから、無理もなかった。そこで疾風が日ごとにふえることになる。

飛行第二十戦隊長の村岡英夫少佐（のち陸上自衛隊陸将補、富士重工宇都宮製作所飛行整備部長）は陸士五十二期のもっとも若い少佐で、つい先ごろまでフィリピンの修羅場をくぐって来た、なまなましい体験の持ち主だけに、この不甲斐ない様子はたまらなかった。そこである日、村岡は戦隊の各中隊長、整備隊長を集めて、ひそかに意中を打ちあけた。

「いつ敵がやって来るかわからんというときに、飛行機がないからなどと悠長なことを言ってはおれん。どうだ。これは相談だが、屛東飛行場の周囲にワンサとある疾風をかっぱらおうじゃないか。責任はおれがとる。賛成してくれんか」

「戦隊長、やりましょう」

いっせいに答える隊長たちの顔を見やり、村岡はニヤリとした。みんな思いは同じだったのだ。

さっそく、作戦会議がはじまった。なにかひどくたのしいいたずらの相談ででもあるかのように、みんな生き生きとしていた。さいわい、六キロはなれた屛東と潮州の両飛行場は、長い誘導路で結ばれていた。それに整備隊長横田豊明中尉（陸士五十五期）のもとに約四百人の整備隊員がおり、このほか飛行機の分散位置と飛行場の間のあと押し要員として高砂義勇隊もいたから、運搬にはこと欠かなかった。

月のない夜をえらび、午後十時ごろから行動を開始した。疾風は日本の戦闘機としてはかなり重いほうだったし、それに暗夜ということもあって、一機に四十人ぐらいつけた。

もちろん、飛行機には見張りの哨兵が立っていたが、うまくごまかしてなんとかかとがめられずに運び出した。ところが敵の空襲を避けるため屛東の飛行場からさらにその先の掩体壕に入っている飛行機は、八キロほども押して行かなければならない。結局、第一夜は十機ほどかっぱらい、朝日があがるころ潮州飛行場の掩体壕に運び込んだ。いずれも輸送途中の飛行機だから、まだ戦隊マークがついていない。そこで尾翼に黄と赤の第二十戦隊のマークを描かせた。

ところが、ようやく疾風を手に入れたものの、操縦をやったものは一人もいない。それに整備経験者もいない。しばし思案しているうち、誰かが「四式戦闘機操縦教範」を見つけて来たので、戦隊長の村岡がまず勉強して飛んでみることにした。

はじめて乗る二千馬力エンジンつき戦闘機は、村岡に好ましい印象をあたえた。ただやたらに舵が重く、操縦桿をいくら引っぱっても機首があがらないので、おかしいなと思った。舵の軽い隼になれていたための感覚の相違であった。しばらくは村岡ひとりで疾風の慣熟飛行をやり、なれたところで各中隊長、そして戦隊の古参パイロットの順に教えていった。

この間、飛行機がなくなって屛東では大さわぎしているはずだったが、不思議になんの調査もなく、いささか拍子抜けするほどだった。

十日くらい経ったころ、台北の第八飛行師団司令部から、「戦隊長は、ただちに師団司令部に出頭せよ」と電報でいって来た。

「戦隊長、あれのことでは……」とみなは心配したが村岡は、「よしよし、俺が話をつけてくる」と言い棄てて飛行場に出た。まさか〝盗品〟の疾風に乗って行くわけにもいかないので、おとなしく隼で飛んだ。

司令部では参謀長の岸本大佐が待っていた。部屋に入って行くと、むずかしい顔で口を開いた。

「よう、やって来たな。ところで村岡、貴様、何かおかしなことをやったそうだな」

「ばれましたか。実は……」

もとより叱られるのは覚悟の上だったから、隼が来なくて困っていること、南方に行くはずの疾風が多数〝滞貨〟になっていたので、つい手を出したことなどを、スラスラ話した。

聞き終わった岸本大佐がニコッとして言った。

「お前はいいことをやってくれたな。そのくらいの積極さがなければ戦さには勝てんよ。実はな、お前のところが隼が来なくて弱っていることはわかっていたので、大本営と航空本部に話をして疾風を持てるようにしてあったのだよ」

こうして第二十戦隊は、天下晴れて疾風を持てるようになった。

戦隊の定数は、一個中隊十二機ずつの三個中隊と本部編隊および予備機まで入れて四十三機であったが、隼二十五機に疾風二十五機を加えて五十機の兵力となった。あとで聞いたところによると、これらの疾風は南方に持って行くはずだったが、フィリピンの情勢がわるくなったので全部台湾でとめられ、台湾の航空部隊に転用されることになっていたものであった。そして、第二十戦隊と同じく戦力回復のためフィリピンから後退していた小野勇大尉(陸士五十四期)の第二十九戦隊にも支給された。

このころは隼の生産は、立川飛行機や陸軍航空工廠に移され、中島飛行機の太田や宇都宮製作所は決戦機疾風の生産に全力を挙げていた。疾風の生産がピークに達した昭和十九年末には、太田工場だけで実に月産五百十八機を記録したほどだったから、フィリピンや台湾で疾風が主戦力になったのは当然だった。だが、工場をロールアウトした飛行機が、第一線の部隊に到達するまでの間の損失も大きかった。

昭和十八年十一月、「航空優先」のかけ声のもとにあらたに軍需省ができ、陸海軍航空機およびその付属品生産の増強をはかることになった。

しかし、戦闘をする部隊ですら、編成してすぐに戦力を発揮するのは無理なのに、新設のお役所が、それも各方面からの人間の寄り合い世帯で、はじめから仕事がうまくいくわけがなかった。それに官僚の通弊として、自分のところだけ数字上の成績を上げてよろこぶ傾向があった。

量産を急がせるあまり、規格をどんどん下げ、数さえつくれば酒樽を送ったり賞状を出したりして会社を督励した。

このため、せっかく出来上がっても使えない飛行機や、前線で手に負えない不具合な飛行機が続出して、可動機の数が減った。たとえば、軍需省ができて四ヵ月後の十九年二月当時、軍需省発表の月産機数は陸海合わせて一千二百といわれたのに対し、実際に第一線部隊で使用可能だったのはその三分の一という状態だった。

軍需省は、数を作れ、とはっぱをかける一方、軍の方は戦力に影響ありと思われる改修は、生産力を犠牲にしても実施せよ、と要求し、いわゆる戦訓改修なるものが工場の生産計画とは無関係に持ちこまれた。

この両者の板ばさみになって工場の生産ラインは混乱し、会社の技術者も生産担当者もヘトヘトに疲れた。

問題は、工場から軍に引き渡すシステムにもあった。当時、会社で生産される飛行機は飛行計器以外は無装備（たとえば機関砲など）で飛行検査を受け、軍の航空廠で改めて全装備をして第一線に送られることになっていたが、会社側では、故障の多くはこの間に問題がある、として軍に改善をもとめていた。

現在の自動車工業でもそうだが、飛行機を生産するのは中島、三菱、川崎といった大会社であっても、これを支えるのは厖大な種類と数の部品を供給する下請工場だった。しかし、これらのうちで、実際に親会社から渡された図面どおりの製品をつくれる工場は、わずかしかなかった。形だけはできても、寸法精度や強度などの点で検査に合格するものは、半分以下というところは、ざらだった。ところが、これらの工場は、増産、増産、のかけ声のため引っ張りだこであり、親会社で検査を厳重にすれば、不合格品をよそに横流しした。

結局、A社の検査で不合格となった製品は、生産があがらず軍需省から気合いをかけられて苦しんでいるB社へ、あるいはもっとも検査の甘い軍に納入されるというのが実状だった。部品が悪ければ、結局は改修の増加となってあらわれ、悪循環はとどまることを知らなかった。

これらのしわよせは、すべて第一線部隊の整備員たちにかかってきた。たとえば、どうしても止まらないエンジンのオイル洩れの原因を調べてみると、パッキングがどれもこれもまったく規格はずれのものばかりだったという。もっとも、撃墜された米軍機のエンジンを見たら、シリンダーヘッドとロッカーカバーの間はパッキングを使わずに接着してあったという。これなら洩れないわけだが、頻繁に外さなくてもすむほど、技術的にも品質的にも信頼性がたかかったということなのだろう。

あまりにも生産機数に対する可動率がひくいので、審査部の今川一策少将らが会議の席上で軍需省側に嚙みつく一幕もあった。

今川の主張はこうであった。

「百機つくる能力があるなら八十機にしてくれ。それを百二十機にしようとするから六十機しか使えないことになる。たとえば八十機でも、まるまる使えればそのほうがいい。増産よりむしろ減産だ」

逆説的な言い方で、可動率の向上を訴えたのだが、これに対する軍需省側の答えはこうだった。

「八十機にしたところで、全部可動できるとは限らない。それよりは少しでも多くつくっておいた方が可動機数はふえるだろう」

まるで理屈にならないようなことを言い出す始末だった。

いずれにせよ、実際に飛行機を設計するのも生産するのも、会社の技術者や工員たちであり、指導者たちがいくら会議の席上でやり合ってみたところでらちがあくわけがない。とどのつまりは〝創意工夫〟や〝総力結集〟など都合のいいかけ声ばかりが会社側にはね返っていった。

沖縄の死闘

それは、おびただしい数だった。

昭和二十年四月一日、沖縄の西岸から慶良間列島にわたる広大な海面は、無数の連合軍艦船によって黒々と埋めつくされていた。

発見した偵察機が、わが軍の飛行機の数より多い、と感じたほどの大艦隊と大輸送船団で、この日、連合軍は沖縄本島の嘉手納海岸に上陸を開始した。

陸軍の第三十二軍を主力とする、わが沖縄防衛部隊は、前年秋に最精鋭の第九師団を台湾に引き抜かれてしまったため、水際での迎撃計画を断念してしまった。このため、バックナー陸軍中将の率いる約二十万の米第十軍は、ほとんど反撃を受けることなく口笛を吹きながら上陸したという。

いきおい、沖縄戦初期は、もっぱら日本航空部隊と連合軍大艦隊との決戦となった。

このころ、沖縄作戦にそなえて陸軍航空部隊は、菅原道大中将の第六航空軍約二百機が九州、朝鮮に、山本健児中将の第八飛行師団約五百機が主として台湾に展開して、それぞれ戦備をととのえていた。もちろん、可動の実勢力となるとかなりこの数を下まわった。

また海軍も、台湾に進出した大西瀧治郎中将の第一航空艦隊（一航艦）約百機をはじめ、南九州に展開した三航艦、五航艦および十航艦など、合わせておよそ六百機を待機させた。新設の第六航空軍は、海軍の統一指揮下に置かれた。

また、台湾沖航空戦のときと同様、四式重爆飛龍の第七および第九十八両戦隊が、陸軍雷撃隊として宇垣纏海軍中将の五航艦の指揮下にあり、海軍の銀河雷撃隊とともに出動することになっていた。

これに対し、沖縄沖に待機するスプルーアンス海軍大将総指揮の連合軍側は、正規および軽空母合わせて二十七隻、戦艦二十隻を基幹とする大艦隊の艦載機およそ一千三百機、これにマリアナ基地の第二十航空軍のB29約六百機および中国大陸の米陸軍第十四航空軍の約五百機が加わった。

日本軍と連合軍の兵力を比較すると、数の上からいっても敵がまさっていたが、単発小型機主体のわが軍に対し、四発大型爆撃機多数を擁する敵の攻撃力は、数倍あるいは十数倍と見積もらなければならないだろう。それに、沖縄はちょうど台湾と九州の中間にあって、どちらからもおよそ六百キロの海上飛行を必要としたことも、とくに単発機の多い日本軍にとって不利であった。

物理的にみて、日本側の著しい劣勢は明らかで、尋常なやり方では勝利の見込みはまったくなかった。そこで死を覚悟の片道攻撃、特攻作戦がフィリピン戦以上の大きな規模でおこなわれることになった。

台湾の第八飛行師団長山本健児中将は、はからずも九ヵ月前に別れた牛島、長両将軍のいる沖縄を空から支援することになったが、ここでも作戦の主体は特攻攻撃となった。

このころ、フィリピンで消耗した疾風の各部隊はほとんど内地に引き揚げ、台湾にいた疾風部隊は、屏東飛行場にあったのを転用した村岡英夫少佐の第二十戦隊（隼と混成）、と、小野勇大尉の第二十九戦隊だけで、合わせて五十機そこそこだった。戦隊にはこれとは別に、誠第三十三、第三十四、第三十五飛行隊の疾風特攻機三十六機が配属されていた。

第八飛行師団の特別攻撃隊には、はじめから特攻を目的として編成された「誠」を冠したものと、各飛行戦隊で師団命令によって編成されたものがあり、出撃は「誠」特攻隊からまず開始された。

三月二十五日に「天一号」作戦が発令されてから三週間後の四月十六日、最初の一機と直掩機一機が出撃したのを皮切りに、二十七日に誠三十三飛行隊の五機、二十八日に誠三十四飛行隊長桑原孝夫少尉以下の七機、五月三日に誠三十五飛行隊長遠藤秀山少尉以下の六機、四日は金沢少尉以下の五機がそれぞれ沖縄の海に散った。

そして、五月九日の誠三十三飛行隊長阪口英作少尉以下の五機を最後として、その悲壮な戦闘の幕を閉じた。

これらの特攻隊には、ほぼ同数の直掩機がついたが、突入するのも同じ四式戦疾風で、直掩機は両翼下に四百リッター入りの落下タンク二個を、特攻機は片翼のみ落下タンク、片翼には落下タンクのかわりに二百五十キロ爆弾をつけていたのが外観上の違いだった。

こうして、第二十九戦隊に配属された誠飛行隊の特攻隊員のすべてが、その悲壮な最期とはあまりにも対照的な名の桃園基地から消え去ったあと、戦隊自体でも特攻隊を出すことになり、浅野史郎少尉以下十二名が隊員に選ばれ、五月二十一日以降、六月六日までの間に四機ずつ出撃して行った。

村岡少佐の第二十戦隊は隼との混成部隊だったので、第二十九戦隊とは違った任務を負わされた。

偵察機部隊の消耗がひどく、沖縄戦のはじまる前ごろにはごく少数の百式司偵があるだけとなってしまい、福建、広東州沿岸の敵空軍の動きがさっぱりわからなくなった。そこであしの長い隼を二機一組として、偵察に振り向け、疾風のほうはもっぱら、台湾各地から出撃する特攻隊の誘導や直掩に使った。そして、四月に入ると第二十九戦隊同様、二十戦隊でも戦隊自体による特攻隊の編成がおこなわれた。

命令で部下の生と死を決定しなければならない戦隊長の苦悩には、はかり知れないものがある。指名された隊員たちの出撃までの極限状況を思うと、いっそ自分が真っ先に、と思うことも多かったようだ。だが戦隊長自身は、師団命令によって空中指揮を禁じられていた。ニューギニア作戦いらい、近くは台湾沖航空戦の経験からも、つねに戦隊長が先頭に立って戦い、そして戦死してしまった例が少なくなかった。そして戦隊長の死は、そのまま戦隊の壊滅につながり、再建に多くの困難がともなった。

戦隊長の平均年齢は、戦前にくらべてずっと若くなり、いずれも二十四、五歳の少佐、大尉たちで、とかくの非難を受けた一部の臆病戦隊長は別として、彼らの多くは熱い血のたぎる若者たちであった。特攻隊員たちについては、すでに多くの著書によって語られているので、ここではおおくは触れないが、同世代として彼らと同じ時代を生きた筆者としては、いまもって彼らの行為に、限りない慟哭（どうこく）をおぼえる。

特攻隊員の任命は、いちおう本人の希望をたて前とした。熱望する、希望する、希望しない、の三つのうちいずれかを書いて出すことになっていたが、全員が「熱望する」と書いた。もちろん、軍隊という組織の中で、異様な周囲の状況からくる精神的圧迫も大きく作用したと思われるが、それを強調することは、国に殉じて死んで行った若者たちへの冒瀆（ぼうとく）というものだろう。

結局、希望者のみを任命することは不可能となり、戦隊長が選択しなければならなかった。村岡は人事記録により、長男でないとか家庭的に比較的裕福であるとか、本人が戦死したあとの家庭の事情とかいう、きわめて不確かな基準によって選ぶより仕方がなかった。

当時、第二十戦隊には、特別操縦見習士官一期、二期および少年飛行兵十三期、十四期を主体とする五十名ほどのパイロットがいた。この中から特操の少尉一名に少飛三名を一隊として四機ずつ六隊が編成された。

はじめに隼が使われることになり、四月十二日から六月六日にかけて七回にわたり出撃、全員が沖縄の海で戦死した。そのおおくは直掩機なしのさびしい出撃で、彼らの最期を見とどける者はなかった。しかし、特攻機が突っこんで行くと敵艦隊の交信がさわがしくなるし、目標となった敵艦船が狼狽して平文の電信を発するので、基地では傍受した敵の交信状況によって戦果を推測した。

　台湾の第八飛行師団だけでなく、南九州の基地群から飛びたった第六航空軍の疾風も、制空隊の主力として活躍した。六航軍には飛行第百一、第百二、第百三の三個戦隊で編成された第百飛行団があり、沖縄戦開始前には百機以上の疾風を保有していた。

　第百飛行団の最大出撃機数は、四月六日の第一次航空総攻撃で南九州基地から出動した第百一戦隊および第百二戦隊合わせて四十八機で、特攻機の進路啓開のため、奄美大島上空まで進空して制空をおこなった。ちょうどそのころ、海軍が第三四三航空隊の紫電改戦闘機でおこなったのと同じ任務であった。

　しかし、充分に訓練をつんでいた海軍の三四三空と違い、飛行経験のすくないパイロットがおおかった第百二戦隊では、海上航法の未熟から多数の不時着機を出してしまった。そのうえ、徳之島および鬼界島に進出していた第百三戦隊は、一日中、敵艦載機の制圧下にあって発進することができず、特攻掩護が満足にできなかった。

　だが、十六日の第三次総攻撃に先立っておこなわれた沖縄本島北および中飛行場に対する夜間攻撃は、疾風ならではの壮烈なものであった。

　この夜、飛行団でとくに夜間航法のできる十一機が選抜され、夕弾をもって超低空の殴り込みをかけた。敵飛行場の不意をついて、タ弾と二十ミリ機関砲による地上攻撃を加え、地上の施設や飛行場を炎上させたが、猛烈な対空砲火のため児玉正美中尉以下八機が未帰還、一機が不時着、無事帰ったのはわずか二機であった。この空中攻撃は、戦闘中のわが地上部隊からも確認され、不利な戦闘を強いられていた地上軍を大いに勇気づけた。

その後も特攻掩護、九州と南西諸島を結ぶ列島線の制空、B29の迎撃などあらゆる任務に使われ、輸送機ごと敵飛行場に強行着陸する義烈空挺隊の直掩に出動した五月末には、飛行団は戦力をほとんど使い果たしてしまった。

消耗に対する飛行機の補充も懸命につづけられはしたが、十九年末にはじまったB29による戦略爆撃は国内の飛行機工場を破壊し、生産力の低下によって補充もままならなくなった。それに加えて痛かったのが、おおくの熟練パイロットを失ったことで、このほうは飛行機と違って養成に時日を要するだけによけい致命的だった。

陸海軍合わせて二千七百五十一機の特攻機をふくむ飛行機数一千機と戦艦「大和」以下の水上特攻を投入しての攻撃も、米軍の意図を阻止するにはほど遠く、六月二十三日、第三十二軍司令官牛島中将と長参謀長の自決によって沖縄戦は事実上終わり、米軍は上陸後、八十二日目にようやく沖縄が陥落したことを公式に声明した。

この戦闘で死んだ日本軍および沖縄県民の数は約二十一万名、飛行機の喪失は特攻機をふくめて約四千機。対する米軍は第十軍司令官バックナー中将をふくむ戦死一万二千五百名、負傷者三万六千六百名、英艦船をふくむ三十四隻が沈没、三百六十八隻が損傷をこうむり、飛行機七百六十三機を失った。

沖縄戦は、多くの一般民間人をも戦闘にまきこんだ惨憺たる戦闘であったが、島の周囲を大艦隊で包囲され、制空権も制海権も敵の手にある中で、圧倒的に優勢な敵地上軍を相手にこの狭い島で、沖縄軍民が三ヵ月も戦い抜いたことは、連合軍側に大きな衝撃をあたえた。

この結果、連合軍の日本本土上陸作戦はさらに慎重となり、日本の各都市に対する無差別爆撃は、ますますエスカレートしていった。

秋をまたで　枯れゆく島の青草は
皇国(みくに)の春に　蘇(よみがえ)らなむ

自決した軍司令官牛島中将の辞世である。

第八章　悲しきフィナーレ

本土上空のB29邀撃戦

美しく澄みわたった秋空には一点の雲もなく、遠く秩父の山々がクッキリと見える日だった。空襲警報が発令されて間もなく、立川の陸軍航空工廠にいた筆者は、西の空高く流れる飛行機雲を見上げていた。なおよく見ると、その先端にキラキラ光るものが、ゆっくりと動いている。これこそ、マリアナ基地からやって来たボーイングB29による関東地方に対する第一回の偵察飛行だった。

昭和十九年十一月一日の真っ昼間で、高空を過ぎて行く白銀の飛翔体は、なにか別世界の生物のように感動的ですらあった。そのまま真っ直ぐに中央線に沿って飛べば、進路には中島飛行機の武蔵、荻窪、三鷹研究所などのエンジン工場群があり、さらにその先には広大な首都東京がひらけていた。

日本の航空戦力を潰すには、工場、それもエンジン工場をたたくことだ。敵の意図は単純明快であり、その最初の目標として中島飛行機の武蔵工場がえらばれた。当時、中島では日本のエンジン全生産量の約三十パーセントを生産し、三菱についで第二位であった。しかも手強い相手である日本の単座戦闘機用エンジン「栄」「誉」のほとんど大部分が、ここで生産されていた。

さらに秋も深まった十一月二十四日、マリアナ基地から最初のB29爆撃隊がやって来た。

富士山を目標に北上して来た九十四機の大編隊は、山梨県の大月付近で右折し、東に進路をかえた。目標は中島飛行機武蔵製作所だ。ところが、午後一時ごろ上空に進入した爆撃隊は、低空の雲で覆われた工場を発見できず、高空の強い偏流にもさまたげられて、予期した成果をあげることができなかった。

この日の戦闘で不本意だったのは、日本側も同様だった。鍾馗、飛燕、屠龍、零戦、月光など陸海軍を合わせて数十機が迎撃にあがったが、高空性能がわるいために、ほとんど有効な攻撃を加えることができず、体当たりで一機撃墜、数機に損害をあたえたにとどまり、高射砲は弾丸がとどかず、まったく役にたたなかった。

その後、十一月二十七日、二十九日、十二月三日と武蔵製作所に対する空襲がつづけられ、三月上旬まで八回にわたって延べ九百機ちかいB29による爆撃がおこなわれたが、大きな損害は受けなかった。

アメリカ軍のボーイングB29爆撃機。当初、中島飛行機工場が目標となったが、のちに市街地への爆撃もおこなわれた。

爆撃目標となった中島の工場でも、はじめのうちこそ混乱はあったが、回をかさねるうちに、敵の来襲の間隔や時間を見きわめ、落ち着いて対処するようになった。爆撃による建物の被害や死傷者の処置も、すみやかにおこなわれ、「誉」の生産低下を最小限に食いとめる努力がなされた。

十九年十二月、三鷹研究所がはじめて空襲を受けたときのことだ。工場あるいは職場の責任者たちは避難せず、工場内の防空壕に踏みとどまった。納品課でエンジン部品の調達を担当していた加川恒郎（のち富士重工航空機部）は、このとき用があって監督官室に来ていたが、突然の空襲警報で、すぐ近くの防空壕にとび込んだ。猛烈な爆撃が終わって壕の外に出た加川は、その惨状に茫然とした。だが、それより肝を冷やしたのは、もともと自分が入ることになっていた防空壕が直撃弾で吹っ飛び、中にいた人たちが全員、爆死してしまったことだった。

空襲には、こうした運不運や偶然がつねにつきまとっていたが、その選択はつねに敵の手中にあったのだ。しかし、たびかさなる空襲に対しても、工場の人たちは決してへこたれなかった。

こういう話がある。

今日は爆撃がありそうだという日、下請工場から打ち合わせに来た人たちが、昼近ぐになると帰るといってソワソワしはじめるので、昼食でもと誘うと、いえ結構ですと逃げるようにして帰って行ったという。

食糧が不足し、食事を出すといえば何より喜ばれた時代である。それだけ工場の人たちは、爆撃なれして落ち着いていた。爆撃による実質的被害よりも、空襲の前後に退避したりもどったりする時間や、作業を中断して工程がおくれたりするロスのほうが大きかったというのが、初期の実情であったらしい。

しかし、昭和二十年に入ってからは、敵の空襲が工場だけでなく都市にもおよぶようになるにつれて、直接、間接の被害が徐々にふえていった。

そして一月二十一日、それまでの司令官にかわってカーチス・ルメイ少将が第二十一爆撃兵団にやって来てからは、空襲による被害は一挙に拡大した。ルメイ少将は、紙と木でつくられた家屋が密集した日本の都市の特質を考え、焼夷弾による爆撃に方針を切りかえたからだった。

その最初の攻撃は、三月九日夜半から十日未明にかけておこなわれた。少数機ずつに分かれて低空で東京上空に侵入したB29から落とされた大量の焼夷弾は、たちまち街を燃え上がらせ、おりからの強風にあおられて、火災はおそるべき勢いでひろがった。

この日の空襲のためにルメイは、マリアナに三百八十五機のB29を用意し、二千トンにおよぶ焼夷弾を投下したといわれるが、本所、下谷、浅草、城東などの下町を中心に、東京の約三分の一ほどが一夜にして焼失し、死者七万二千、焼失家屋十八万余戸、三十七万二千世帯、約三百万人が焼け出されるという、空前の惨害となった。

つづいて四月十三日と五月二十五日の夜、東京は同様な焼夷弾攻撃を受け、主要部はほとんど焼け野原となってしまった。この成功に気をよくした都市の無差別焼夷弾攻撃は、その後、全国各地にひろがり、工場の直接爆撃よりはるかに大きな影響をあたえることになった。

強力な破壊の手であるB29に対し、日本の準備は立ちおくれていた。高々度戦闘機として開発中のキ87、キ94、ドイツのメッサーシュミットMe163をコピーした「秋水」、それにこれもMe262のコピーである「橘花」「火龍」などはいずれもまだ試作中で、双発のキ102がようやく増加試作機として出はじめたころといった状態であった。排気ガスタービンですら、まだ完全なものはできていなかった。

この排気ガスタービンなどは十七年初頭、ジャワで鹵獲したボーイングB17E型にすでにつけられており、その後三年を経て日本ではまだ満足なものができなかった不用意さが、ここにきて大きく響いた。

中低高度を主眼としたわが戦闘機は、一万メートルに上がるのに三十分以上を要し、上がったところで、飛ぶのがやっとで、とてもまともな攻撃がやれる状態ではなかった。そこでフィリピンや沖縄での対敵艦船同様、またしても「体当たり」という特攻戦法によることになった。

関東地区防空を担当した第十飛行師団では、各戦隊からの選抜者で体当たり専門の

「震天制空隊」を編成し、飛燕、鍾馗などの単座戦闘機が当てられた。これらの戦闘機は上昇限度を少しでも高めようと、防弾鋼板や無線機はおろか機関砲までおろした丸腰で出動した。高空で来襲するB29に対し、なんとか戦えたのは陸軍では三式戦飛燕二型と四式戦疾風、海軍では局地戦闘機の雷電ぐらいのもので、あとになって紫電改が加わった。

本土防空用に配置された疾風の部隊は、東京、横浜地区が成増の第四十七戦隊、所沢の第七十二戦隊、大阪、神戸地区が大正の第二百四十六戦隊で、このほか満州の鞍山には製鉄所防衛の第百四戦隊がいた。

なかでも、成増にいた第四十七戦隊は、あとで述べるように高い整備力を持ち、一月末までにB29の撃墜十九、撃破二十九の部隊総合戦果をあげ、可動率のたかい戦隊として調布の三式戦飛燕装備の第二百四十四戦隊とともに、東日本防空戦闘隊の双璧であった。

この戦隊は、もともと二式単戦鍾馗の部隊で、太平洋戦争開始直前の独立飛行第四十七中隊時代からずっと鍾馗だったが、十九年十二月から疾風に機種改変をはじめたものだ。ちょうど機種改変とひととおりの未修教育が終わった二月十六日、敵機動部隊艦載機延べ数百機が関東地区に来襲した。

第四十七戦隊は二十六機が出動、中島飛行機太田製作所を襲ったグラマンF6FとカーチスSB2Cの編隊を優位から攻撃、F6F十六機とSB2C二機を撃墜して、よい状態で使用された際の疾風の実力を示すとともに、工場で生産中の疾風をも守った。

太田製作所は疾風生産の主力工場で、三菱の名古屋製作所とともに日本最大の飛行機工場だったから、二月十日にもB29百十八機の空襲を受けたが、第十飛行団は全力をあげて迎撃し、撃墜十二、撃破二十九の大損害をあたえて敵の意図を妨害した。

一万メートル以上でやって来るB29との迎撃戦でいちばん問題になったのは、高空での油もれによる油圧の低下と、高圧電気回路からのコロナ放電によるミスファイアであった。地上の自動車でも高圧電気回路（二次電気回路）の状態がわるいと、いろいろなところから放電し、点火プラグに充分な電圧がかからず、エンジンの調子が落ちることがあるが、空気の希薄な高空ではよけいそれがひどくなる。

この現象には頭をなやまし、木原武正少佐（のち自衛隊陸将補、航空工業会専務理事）が担当して、いろいろ対策を研究したが、どうしても解決策が見つからない。それが、ふとしたことから撃墜したB29のエンジンを見てわかった。やっていることはたいして違わなかったが、プラグのエンジンの外に出ている陶磁器製の絶縁碍子部分の長さが、日本のものより十ミリ長かったという。

エンジンのシリンダーヘッドの埋め込み式冷却フィンといい、このプラグの問題といい、ほんのちょっとした差と思われるところに、実は技術ならびに工業力の大きな差がひそんでいることを、思い知らされた出来事であった。

Ｂ29に敗れたのは、決して飛行機の性能ばかりでなく、こうした些細な――実はきわめて重大な――技術のおくれの集積にあったのだ。

本格的な高々度戦闘機キ87やキ94が間に合わないため、四

△本土防空の対爆撃機用に開発された中島の高々度戦闘機キ87試作１号機。▽キ87の機首部分。（昭和20年２月９日撮影）排気タービンを装着したが、期待していた成果はなかった。

式重爆撃機飛龍に七十五ミリ高射砲を積んだキ109や、戦闘機と違ってきゃしゃな機体の百式司偵に二十ミリ機関砲を積むなどの苦肉の策がとられたが、主力戦闘機であるキ84も例外ではなかった。

キ84の翼内に「ホ155」三十ミリ二門、胴体内に「ホ五」二十ミリ二門をつんだ強力な邀撃戦闘機が二機試作され、実際にB29に対してテストがおこなわれた。また、双発屠龍や百式司偵のように風防の後方に斜銃を装備したキ84も陸軍航空工廠で試作されたが、いずれもものにならなかった。

キ87と併行して疾風にも排気タービンつきの計画があったが、いかんせん排気タービンの開発のおくれがひびいた。しかし、かりにそれが実用化されたとしても、不時着したP47サンダーボルトの排気タービンを見た整備兵が、「この飛行機には石臼がついている」などという(村岡少佐談)ありさまでは、果たしてどうであったか。

それよりも実際に効果をあげたのは、水メタノール噴射にかわるシリンダー内への酸素噴射だった。「サ号」とよばれたこの実験は好成績を示し、最高速度は高度九千メートルで五十キロも増大し、上昇力も良くなったという。実際にテストをした中島のテストパイロット吉沢准尉によると、「みるみる速度計の針があがるのがわかったが、三十分もつづけるとガタが来てスピードが落ちた。ながくやってはいけない」ということだったようだ。

結局、どれもこれも完成の域にたっせず、B29対策は最後まで決め手のないままに終わった。

敵機と編隊を組む

昭和十九年末、少年飛行兵十四期および十五期生の中から優秀者を選抜して編成された第一錬成飛行隊が、疾風の故郷ともいうべき神奈川県愛甲郡の中津飛行場にやって来た。装備機は四式戦疾風で、当時ここには、戦力回復でフィリピンから帰っていた第二十二戦隊や新編成の戦隊もいたので、飛行場は疾風でうずまっていたといってよいだろう。

少飛十五期生の内藤雄介伍長（本名上天、のち日本信託銀行）もえらばれて第一錬成飛行隊に入った一人だったが、彼は、ここではじめて疾風に乗せられた。それまでは九五式練習機から九七戦で、「疾風は八百時間以上の飛行経験がなければ乗せないのだが、お前たちは、とくにえらび抜かれたのだ」といわれ、ひどくうれしかったという。

飛行場には、練習用に改造された複座の疾風が三機ほどあり、はじめは教官同乗の離着陸からはじまり、しだいに難しい訓練に移行したが、さすがは選抜された優秀なパイロットたちだけに、九七戦との著しい性能差をものともせず、みごとにこなしていった。

訓練がすすんで技量(うで)もかなりあがったころ、内藤たちは特攻隊員に任命された。すでに沖縄戦の敗北も濃厚になっていた時期であり、一般に充分な訓練の余裕があたえられなかった当時としては、最精鋭の疾風を持ち、パイロットのレベルもたかい第一錬成飛行隊は、貴重な特攻戦力だったわけだ。

五月十五日、戦隊長江原少佐の命令で二十四名の「ト号」部隊が編成されると、ただちに特攻訓練が開始された。

元来、急降下して敵艦に体当たりするのは、よほどの熟練者でも難しいことだ。第一に目標上空まで到達することがたいへんだし、それができたとしても、今度は目標を決めて降下をはじめてからがさらに難しい。高空からは、大きな戦艦や空母も黒い小さな点にすぎないのだ。

飛行機は、降下に入ると当然、スピードがあがる。すると、飛行機の揚力が増して機首があがり気味となり、操縦桿をいくら突っぱっていても、目標より先の方にのめ

愛機四式戦「疾風」の前に立つ第一錬成飛行隊隊員、内藤雄介伍長（右）と田村彊伍長。

ってしまう。本来の急降下爆撃機では、これを防ぐためエアブレーキを使ってスピードを殺すようになっているが、機種をえらばぬ特攻機にはそれがないし、おまけに重い爆弾をかかえているので、余計オーバースピードになる。もちろん、訓練のときはこうしたことをあらかじめ見込んでやっているが、いざ修羅場に到達してみるとそれどころではない。猛烈に撃ち上げる対空砲火、敵戦闘機の襲撃、そして目標を定めることが困難なほどのおびただしい敵艦船といった状況下では、冷静に突っこむこと自体きわめて困難なことだ。それに、いかに覚悟の出撃とはいっても、体当たり寸前には本能的な恐怖感もあって、つい操縦桿をゆるめてしまう。

いきおい、目標をとおりこして海中に突入することがおおくなる。再上昇してやりなおした冷静なパイロットもいたようだが、これは、およそ例外中の例外というべきだろう。しかも、船を知っている海軍はまだしも、上空から艦船というものを見たこともないような陸軍のパイロットでは、ますます難しいことだ。

そこで、はじめは地上にひろげられた白布を目標に降下訓練をやり、最後の仕上げとして実際に艦船を目標にしてやってみることになった。その訓練は五月中旬、海軍の協力で、約一週間にわたっておこなわれた。

まずトラックで横須賀に乗り込んだ一行は、海軍の士官からこれまでに海軍がやった特攻攻撃法や敵の防御戦法、ロケット攻撃機「桜花」のことまで、ひととおりの話を聞かされた。

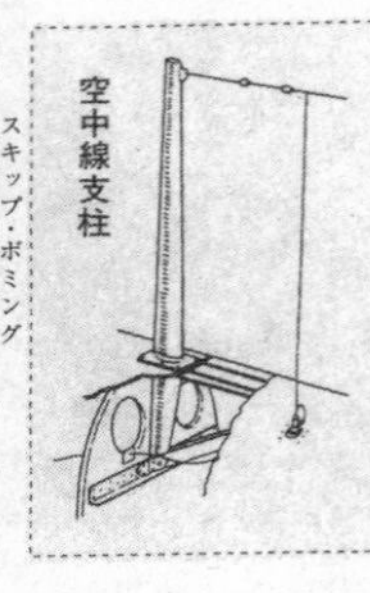
空中線支柱
跳躍爆撃法（スキップ・ボミング）などから、

講義のあとは、戦艦や空母などの見学だ。といっても、ランチでまわりを一周して縦や横からの見え方の研究をするだけだが、あまり軍港など見る機会のない陸軍のパイロットたちにとって、きわめて興味ある見学だった。このとき、〝青蛙〟とよばれる特攻用のモーターボートが敷設艦から水上に吐き出されるところや、一人乗り、二人乗りの特殊潜航艇「蛟龍」なども見て、同じ特攻ながら自分たちのほうがまだましだと思ったりした。

これが終わると、海軍の九六陸攻に乗せられ、実際に走る軍艦の航跡の見え方の研究に移った。五千メートルぐらいの高度をゆっくり旋回する中攻から眺めた軍艦の姿は、予想よりずっと小さいものだった。

横須賀での見学が終わって、二、三日後、海上を航行する目標に対する攻撃訓練がはじまった。二十四機が四隊にわかれ、六機が一組みとなって朝九時ごろ編隊ごとに中津を出発、いったん三浦半島突端の三崎上空で編隊を組みながら待機、空中電話で呼ばれた順に一機ずつ横須賀沖に向かう。目標は駆逐艦が曳行する大発だった。

高度六千メートルあたりから降下に入る。九七戦だと、いったんスロットルレバーを閉めてから降下に入るが、疾風はレバーを全開にしてそのままガーッと突っこむ。ものすごいスピードとなり、いくら腕で押さえていても操縦桿がひとりでにもどろうとする。そこで、ラダーの踏棒から足を抜き、両手両足で力いっぱい突っぱる。指示された降下角度は七十度だが、乗っているパイロットにはほとんど垂直に感じられる。引き起こしはとくに操縦桿を引かなくても腕をゆるめるだけで機首があがる。強烈なGで全身の血液が内臓とともに下方に押しやられ、スーッと眼前が白くなる。下の駆逐艦には江原戦隊長らが乗っていて、降下角度が浅いとか深いとか電話で指示してくる。自分で納得のいくまで何回も攻撃訓練をくり返し、終わった順に中津に帰って行く。

こうした訓練が三日ほどつづいた最終の五月二十五日、編隊のしんがりとして訓練を終えた内藤伍長は、もはや用なし、とわずらわしいレシーバーをはずし、心も軽く

特攻機「疾風」を味方機と誤認する失態を日本本土上空で演じたアメリカ海軍の主力戦闘機グラマンF6Fヘルキャット。

江の島付近から帰途についた。海軍の厚木飛行場のあたりまで来たとき、急に両わきに他機が近づいてくる気配がした。なに気なく右を見、左を見た内藤は、信じられない光景にびっくり仰天した。なんとブルーの塗装に白い星のマークも鮮やかなグラマンF6Fが、両わきに接近して来て編隊を組もうとしているではないか。

ハッと思った瞬間、手足は本能的にダイブの操作をやっていた。とたんに、飛行場周辺の対空砲火が猛烈に撃ち出した。地上すれすれで引き起こし、こわごわ上を見上げたが、敵は対空砲火をおそれたか、それとも降下していったのが日本機と気づかなかったのか、追って来ない。内藤の機体は黒っぽい塗装で、しかも特攻機だから、胴体と翼上面の日の丸がついていなかったので、てっきり味方機と誤認して編隊を組んで来たものらしい。

そのまま地上を這うようにして中津の飛行場に滑りこみ、急いで飛行機を掩体にかくしてピストに行くと、みんなびっくりした顔をしている。いくら電話で呼び出しても応答がないので、てっきり敵機にやられたと思ったらしい。なおよく聞いてみると、内藤が艦船攻撃を終えて間もなく、警戒警報なしでいきなり空襲警報が発令され、内藤たちのつぎの編隊は出発を見合わせ、在空の訓練機に対してもすぐに訓練を中止して基地にもどるよう電話で指令が発せられた。当時は艦載機や硫黄島基地のムスタングが、のべつやって来ていたので、訓練機がやられることも多かったのだ。ところが、内藤は訓練が終わった直後にレシーバーをはずしてしまったので、この指令を聞くことができなかった。

そうとは知らない基地では、海軍の高射砲が撃ち出したとたんに一機が落下して来たので、敵機が墜ちたと手をたたいて喜んでいたらしい。その一機が味方機で、しかもやられたと思っていた内藤伍長だったから、おどろいたのも無理はない。まちがって敵機に編隊を組まれたので急降下で逃げたとわかり、ピスト内はそれまでの心配やら誤解やらを吹きとばす大爆笑につつまれた。

疾風を味方機とまちがえたグラマンの二人のパイロットもそそっかしいが、とかく空中では機種の識別はむずかしいようだ。

太平洋戦争の初期、二式単戦鍾馗は、しばしば友軍の隼の攻撃を受けているし、フイリピンでは、疾風を敵機と誤認して攻撃をかけて来た海軍の紫電との間で空中戦がおこなわれたこともあったというから、あながち敵のパイロットだけを笑うわけにもいくまい。

戦隊を支える整備員の健闘

疾風は故障が多く、可動率がわるかったと一般に伝えられているようだが、果たしてそうであったろうか?

新機種の場合は、どんな飛行機でもいろいろトラブルはあるもので、疾風のもっとも手ごわい対戦相手だったアメリカのＢ29にしても、初期には大小さまざまな故障に悩まされていたのだから、疾風がとび抜けてほかの飛行機より故障が多かったとはいえないだろう。むしろ生産段階での製造品質の低下や代用材料の使用（とくにエンジン）などの点と、現地部隊での整備技術や取り扱いに問題があったと思われる。

たとえば整備についていうと、整備員の場合もパイロットと同様、あたらしい機種になれるまではかなりの訓練期間が必要だが、昭和十九年ころからそうした余裕がなくなり、外地に取り残された熟練整備員にかわって不馴れな整備員が多くなったことや、疾風をよく知らないパイロットの取り扱いミスなどが、おおく故障の原因になったようだ。したがって、整備員もパイロットも充分に疾風をこなした部隊では、きわめてたかい可動率を示した。

飛燕の第二百四十四戦隊とともに首都防衛の最精鋭とうたわれた疾風の第四十七戦隊は、その典型ともいえるだろう。ここはもともと二式単戦鍾馗の部隊として発足したもので、前身は開戦直後にマレーやビルマで活躍したキ44増加試作機で編成された独立飛行第四十七中隊である。戦隊となったのは十八年十月で、改編と同時に、東京北西部に新設された成増飛行場に移った。

もともと、独飛第四十七中隊を審査部で編成したときからずっと一緒にやって来た優秀な整備員を基幹とした整備隊を持っていたので、難しいといわれた鍾馗をよくこなし、たかい可動率を誇っていた。

昭和二十年二月に疾風に機種改変をしたが、鍾馗で苦労した経験がものをいって、可動率はさらに向上し、大整備に出した飛行機をのぞけば、常時百パーセント近い可動率を誇っていたという。

戦隊の保有機は、三個中隊と戦隊本部合わせて五十四機で、整備隊長岡田作三少佐（陸士五十三期）のもとに約六百名の大整備隊をかかえ、しかも審査部いらいのベテラン刈谷正意中尉（のち大尉、日本フライングサービス）がいた。

この戦隊の特色は、整備員だけでなく、戦隊長以下パイロット全員に対しても構造や取り扱い上の注意を教え、実際にテスト飛行をやらせて飛行機の特色をのみこませたことと、部隊で独自の整備基準をつくり、飛行機の状態の正確なデータにもとづいて整備をやっていたことだ。

当時の整備は一般に、故障が起こるつど、その部分の交換や修理をやるというやり方だったが、これを改め、各部品ごとのチェック間隔を決めて部品の寿命を時間で管理する——たとえば、点火プラグは八十時間経ったら良くてもわるくても交換するようにした。そして原則として、部隊では不良部品の修理はやらず、全部航空廠にまわして新品と交換するようにした。

当時、撃墜されて捕虜になったB29のパイロットにアメリカ軍の整備法を聞いたところ、故障したらすべてチェンジし、チェンジした部品はショップでなおすという返事だった。あまり個人の技能レベルに頼ることなく、故障探求を重点に整備システムとして分業化されていることを知ったが、第四十七戦隊ではほぼ同じことをやったわけである。

整備を時間的に管理するため、とくに大学出の召集兵を集めて整備指揮隊というものをつくり、時間による個々のエンジン管理、部品管理から諸統計の作成などをやらせ、また簡単な野戦用のチェック機材などを使って各機ごとのデータを集めさせるようにした。

刈谷中尉は、審査部の前は航空技術研究所にいて試作機の審査をやっていた関係で、各飛行機会社の技術レベルや特徴を知っていた。とくに中島飛行機は、担当会社だったので勝手を知っており、部隊の整備基準をすべて受け入れ検査基準に合わせるようにした。

たとえば、オイル交換は二十時間ごととし、エンジンの運転時間が五十時間をこえるまでは実戦に使わないことにした。自動車ならさしずめ、ならし運転中はあまりとばすなといったところだが、当時はそうしたわかり切ったことすら実行されることが少なかったのが実情だった。実際にエンジンの取り扱い説明書を見ても、構造や分解組み立ての方法などについてはくわしく出ているが、オイルを何時間で入れかえろとか、プラグの交換時間などについては、何も指示されていない。

B29迎撃の主役として疾風は、一万メートル以上の高空にあがらなければならないが、もっともこわいのがエンジン焼き付きの原因となる油圧の低下であった。「誉」の油圧は規定で八（キログラム／平方センチ）、最低でも六ということになっていた。

それが八千から一万メートルにあがると、二ぐらいに下がってしまうのだ。そこで各機ごとにデータをとり、油圧の低減曲線を描いてみると、高度による気圧の低下と同じ傾向であることがわかった。

その原因は、わずかずつではあるが、オイル系統の内部抵抗やシールの不完全さによるオイル洩れで、自動車でいうブレーキパイプ内のエアロック現象に似ていた。そこでオイル系統の締め付けやシールを完全にするなど、丹念に洩れを防ぐ処置をした。こうした合理的な整備管理と丹念な故障防止対策の結果が、たかい可動率となってあらわれた。

昭和二十年二月十六日の関東地区に来襲した敵艦載機迎撃のあと、つぎは関西地区にくるであろうとの予想のもとに、主力が大阪の佐野飛行場に移ったが、このときも約一ヵ月の間、毎日三十一機をそろって飛ばせたという。

これより少しあとになるが、五月末に九州都城に移って沖縄作戦の特攻掩護にあたったときのことだが、ここには前にいた部隊が残していった動かない多くの疾風が置いてあった。第四十七戦隊は、例によって全機そろって出動し、そして整然と帰って来た。整備といえば、規定の整備時間にたっしたものだけを、ベテランの曹長指揮のもとに四、五人で整備するだけで、あとは翼の下で寝ていた。

この光景を見た飛行場中隊の中隊長らが、不思議そうに刈谷にたずねた。

「おたくの部隊は、あまり整備をやっていないようだが、それでいてちゃんと出て行って、そろって帰って来る。前にいた隊は、帰りはバラバラだった。そして朝から晩まで、エンジンをブンブンまわしていた。いったいこれはどうなっているのか？」

中島飛行機武蔵工場の須田技師が、都城にやって来たことがあった。かねて顔見知りの須田と刈谷と、こんなやりとりがあった。

「須田さん、今日は何ですか？」

「会社から、疾風のキャブレターの具合がわるいから行ってこい、といわれて来たんですがね」

「さあ、知りませんなあ。それはむかしの話じゃないですか？」

「それじゃ帰ろう」

須田技師はよろこんで帰って行ったが、よそで持てあまし気味だった疾風の整備を、ここまでやってのけた戦隊の整備能力はたいしたものだった。

「アメリカは百機のうち九十五機は常時、動かすと聞いたので、日本でもやれないはずはない、と思って努力した結果だろう」

と刈谷は語っているが、自動車なみにスターターボタン一発でエンジンがかかり、何回飛んでもオイル洩れなど見られず、手のかからないアメリカ機の整備性の良さは、設計技術とはあまり関係ない基礎工業力の差であり、それだけ日本では整備員に大きな負担がかかったといえよう。

第四十七戦隊は、開戦初期をのぞけば、ずっと内地にいた部隊だけに、めぐまれた面もおおく、整備隊も六百人の大世帯だった。これが第二十二戦隊のように外地に出動する部隊になると、事情はかわってくる。内地とは違って何百人もの整備隊の移動は容易ではないから、できるだけ身軽に動けるよう整備員の数も少なくし、整備隊百八十名、一機につき機付長一人に機付兵二、三名という小ぢんまりとした世帯となる。

第二十二戦隊は、第一、第十一戦隊とともに第十二飛行団に属していたが、第二十四戦隊とか第六十四戦隊のように飛行団に属さない戦隊は、もっと身軽だった。とくに第二十四戦隊は、開戦劈頭から満州―フィリピン―広東―パレンバン―ニューギニア―内地―ニューギニアと目まぐるしく移動し、一時は連合艦隊の指揮下に入るなど、実によく動きまわった部隊だが、こうなると整備隊もぐっと小人数となる。

この戦隊の場合、たとえば飛行機が十二機あると、整備員も十二人だけ行く。八人が機体担当であとは無線、機関砲、電気、計器がそれぞれ一人ずつ、そして機付整備員は一人で二機ぐらい受け持つようになる。

彼らは移動の際、無線の点検孔から戦闘機の胴体内にもぐりこんで同乗する。もちろん、同乗者用の設備などあるわけがないから、乗りこんだら胴体内の円框にロープを張り渡してハンモック状とし、その上に小さくなってしゃがみ込むのだ。整備用の小箱をしっかりかかえ、下を這う操縦索を踏まないように気を使いながら、せまい胴体内で何時間も辛抱するのは、たいへん辛いことであった。それも平穏なときはいいが、途中で敵機に遭遇でもしたらことだ。

第二十戦隊長村岡英夫少佐は、整備員を胴体内にのせて移動中に敵機を発見、すぐに攻撃に入ったが、途中で整備員をのせていることに気づき、あわてて中止したという。

しかし、整備員をのせたまま実際に空戦をやってB24を撃墜した例もあった。こんなときの整備員はたいへんだ。前後左右にかかる猛烈なGに耐えて、必死に円框につかまる。しかも、片手は工具箱をかかえたままだ。ときたまマイナスGがかかると、工具箱が目の前に浮き上がったりする。ひどい目にあった整備員が、降りてからパイロットと大喧嘩したという笑えない話もあるが、第一、第十一、第五十九、第六十四、そしてこの第二十四戦隊のように伝統のある強い戦闘機隊は、かならず闘志も技量もある優秀な整備隊がついていた。

△「疾風」操縦席から前方を見たところ。左右前方の視界は良いが、OPL照準器は取りはずしてある。▽操縦席計器板。復元した機体なので、計器類は本来の物とはかなり異なる。

第四十七戦隊の場合は、きわめてオーソドックスな整備の例だが、第二十四戦隊のように転々として、一ヵ月と同じ基地にいたことのないような部隊になると、事情もだいぶ変わってくる。整備隊長田口大尉はこう語る。

「前線だから取り扱い説明書はゆきわたらないし、教育だって満足にやれない。そこで飛行機があたらしくなると、翼の下や胴体の中に入って寝る。寝苦しいから目がさめると、手さぐりで位置をおぼえる。敵の空襲を避けるため、夜でも灯火をつけて整備をすることはできない。だから、こうして二、三日やっているうちにおぼえる。さいわい隼も疾風も同じ中島だったからそう違わない。むしろ、エンジンまわりなどは隼より整備しやすかったくらいだ。あたらしいラチェのプロペラにはややてこずったが、どっちにしろガバナーは同じで、作動が油圧から電気に変わっただけだ。チェックするのにテスターがないので豆ランプを使い、これも三日ぐらいでおぼえてしまった。

△「疾風」操縦席より見た左側部分。▽同じく操縦席右側部分。

整備員の主力は平均年齢二十歳、若いので十六歳ぐらいの少年飛行兵出身で、彼らはたとえ十機いっせいにエンジンをまわしても、どの飛行機のエンジンの調子がどうだと聞き分けるほど優秀だった」

整備兵は、はなばなしいパイロットにくらべて地味な存在であるだけに、彼らの中には名人気質（かたぎ）の者もおおかった。第一錬成飛行隊の内藤伍長の機付をやっていた整備員も、そうした一人だった。この整備員は、どうしたわけかノモンハン時代からずーっと上等兵だった。おとなしい人だったが、軍隊的な尺度からみて上官の受けがわるく進級がストップしてしまったらしいが、整備にかけては名人級の腕を持っていたから、彼の整備した飛行機はいつも安心してのれた。整備ばかりか板金技術もすばらしく、エンジンのオイル冷却器カバーや胴体の無線機点検孔カバーなどを飛ばしてきても、簡単に叩き出してつくってしまったという。

フィリピンでは、飛べなくなったり破壊されたりした疾風とともに、おおくの整備員たちが取り残され、陸戦部隊に編入された彼らのおおくが戦死したが、たとえ敗れたりとはいえ、日本航空部隊の活躍を支えた彼ら整備兵たちの健闘は、大いに讃えられるべきである。

資源不足で木製化

戦局がしだいに悪化して南方からの資源輸送が思うようにならず、アルミニューム の原料であるボーキサイトが不足しはじめると、急に木製機の研究促進が叫ばれるようになった。木製機の研究は戦闘機、練習機、機体部品などから着手されたが、決戦機「疾風」も木製試作を実施することになった。

昭和十八年九月二十二日、まだキ84の増加試作機が数機しか完成していなかったころに、早くもキ84を木製化する「キ106」の試作指示が立川飛行機に出された。キ84の図面でつくるわけだが、金属と木材では構造がまるでちがうから、外形線図のほかは、そっくり設計をやりなおさなければならない。

しかし、いくら頑張ってみたところで、強度上の点から木製の方が重くなることは明らかで、オリジナルの金属製にくらべて性能低下はまぬがれない。

むかしは飛行機も木と羽布（はふ）で出来ていたが、低翼単葉全金属が常識となった現代では、設計者たちは突然の木製化にはとまどうばかりだった。それも、ソ連のラグ三型や英国のデハビランド・モスキートのように、最初から木製でスタートするならいざ知らず、金属機を途中から木製化するには、おおくの無理があった。立川飛行機では、品川信次郎技師を主務者として設計をスタートさせたが、充分な資料もないままに、接着の研究や胴体の単板整形といった基礎的な研究からやらなければならない始末で、担当者たちにとっては、なんとも気のすすまない仕事だった。

航空本部では木村昇少佐らが担当したが、「ジュラルミン製と同じ剛性を得るためには重量が四十パーセントもふえ、そのうえ防弾性がない。練習機や輸送機ならともかく、戦闘機の木製化などもってのほかである」と、審査部の今川大佐らが航本にどなりこむ一幕もあり、軍の内部にあっても反対意見が多く、これがまた会社の技術者たちの気分を滅入らせた。

昭和十九年に入って主翼の桁が完成、二月はじめに強度試験をやったところ、負荷倍数六でこわれてしまった。中島飛行機でやった金属製機のテストでは、規定荷重の十二倍をこえてもこわれなかったのにくらべて、やっと半分である。それから何回もテストをこころみたが、結果はかわらず、もし規定荷重を満足させようとするなら、電柱のような太さの桁にしなければならないとあって、お先真っ暗となった。

これを重視した航本の木村少佐は、四月二十八日、立川飛行機でいろいろ打ち合わせたのち、とりあえず規定荷重の半分でもいいことにした。普通に飛ぶだけならさしつかえないという妥協的な考えからで、とにかく飛ばそうということになった。以後、九月末までの動きを木村少佐の記録で追ってみよう。

〈十九年六月九日　順調にいけば、七月二十日ごろ第一号機完成予定。

十九年六月二十六日　キ106用エンジンは新品を渡したい。規定荷重、六倍ではいいが七倍では不足、強度についてはなお研究の余地あり。
十九年七月三日　一、新工場完成。二、複操縦装置（複座練習機）は操縦席の床板をかえ、胴体を太くする必要がある。試作指示後六ヵ月を要す。
十九年九月十五日　技術安藤大佐連絡。キ106二型は一応、翼内砲なしで考えていいのではないか。
十九年九月十七日　試作方針、航空審議会意見。機体総重量四千二百八十キロ。まだ飛行審査できぬ。
十九年九月三十日　〈研究方針〉複操縦装置の練習機を研究のこと〉
これを見てもわかるように、はげしい運動を要求される実用戦闘機としては強度不足で使えそうもないので、さしあたっては、訓練用の練習機ということになった。九月に完成した第一号機の基本性能テストは、昭和二十年一月末に一応終わったが、重量が計画より四百五十キロもふえたため、最大速度五百八十キロで、キ84より十パーセント低下した。上昇力は五千メートルまで七分三十秒かかり、これもキ84にくらべて一分以上もおそいという結果が出た。

このころには、四国高松にある倉敷紡績、北海道の王子製紙江別工場、富山県の呉羽紡績などが

	アルミニューム	鉄	木材	合計
キ84	八七〇kg	五四三kg	一五〇kg	一五六三kg
キ113	二八〇kg	一〇二五kg	一七五kg	一四八〇kg

機械をとりはらってキ106の生産準備にとりかかっていた。もともと木製化には気の進まなかった審査部は、二十年四月の会議でキ106は研究機とし、むしろ段階的に鋼製化をすすめるキ113に移行すべきだ、と主張した。研究機というのは、文字どおり研究のための試作機で、大量生産しないということだから、それまでさんざん苦労した品川技師たちはがっくりした。しかし、その後しばらくして再びその大量生産を決めるなど、軍の方針も揺れに揺れた。

キ113は、翼の主桁および補助桁、小骨、燃料タンク、エンジン・カバー、補助翼、フラップ、昇降舵を鋼製化し、後部胴体および水平安定板は木製だったから、いわば木金混製機であった。中島での計算結果によると、その機体の使用材料別重量内わけは、表のようであった。

しかし、実際にはキ84にくらべて二百キロも重くなってしまい、そのうえアルミより薄い材料を使うために構造がややこしくなって、大量生産は難しそうだった。それ

でも試作は強行され、昭和二十年七月はじめには強度試験用のゼロ号機が完成、ひきつづき試作一号機も完成まぢかだったが、八月十五日の終戦で、すべての努力が無に帰してしまった。

外国では、昭和十七年はじめ、ソ満国境をこえて逃亡して来たソ連のラグ三型戦闘機がすでに全木製だったし、インド、ビルマ方面でわが戦闘機が追いつけなかったイギリスのモスキート戦闘爆撃機も全木製だった。

鋼製としては、中島飛行機で構造を極度に簡素化した特殊攻撃機キ115の例があるが、木製にせよ鋼製にせよ、最初からそのつもりで設計をしたものならいいが、材料や、これにともなう構造の途中からの変更は無理な話で、それでなくても多忙と疲労にさいなまされた技術者たちに、さらに苦労を強いる結果となった。

しかも、足りないと思われたアルミニュームも、先行きはともかく、優先割り当てを受けた飛行機会社はかなり大量のストックを持っていたから、企業的にはあまり乗り気でなく、単に軍のかけ声にお付き合いした程度にとどまった。もっともそのおかげで戦後、手持ちのアルミ材料で鍋や釜などの民需品をつくり、戦後の混乱期を生き抜くことができた会社も少なくなかった。

結局、終戦までに完成した木製キ106は、立川飛行機の一、二号機と、王子製紙の一号機の合計三機、鋼製キ113にいたっては完成機ゼロという結果に終わった。

戦略物資の不足は、飛行機やエンジンの生産を妨げただけでなく、エンジンを回したり飛行機を飛ばせたりするのにも制限を加えなければならなくなった。とくにハイオクタン燃料を必要とした「誉」エンジンにとって、良質の燃料が得られないことは決定的な打撃だった。燃料と潤滑油、わかりやすくいえばガソリンとオイルだが、自動車と同じように、わるいガソリンを使うと点火プラグが汚れやすく性能が落ちるし、オイルがわるいとメタルや運動部がはやく磨耗し、ひどいときには急激なエンジンの焼き付きを起こす。

米国の戦闘機が百オクタン以上の良質燃料で飛んでいたのに対し、日本ではせいぜい九十一オクタン、それすら充分にないので戦闘時にしか使えず、ふだんはより低オクタンの燃料に甘んじなければならなかった。オイルの不足も深刻だったが、東大航空研究所の永井、稲葉両博士らによる動物または植物油の転化が成功して、かなりの量が実用に使われたが、それとて質の面では米軍が使っていたオイルにはおよばなかった。

航空機用燃料の不足を打開するために試みられたさまざまな研究の中で、もっとも大きな技術的成果は、ガソリン代用のアルコール使用に一応のめどをつけたことだろう。ただし、ガソリンにくらべ性能は低下し、燃料消費量が増大するので、遠距離攻撃の行動範囲が短縮され、防空戦闘機の滞空時間が減少する難点があった。
アルコールにかわる松根油にいたっては、いまだにその重労働のつらい思い出を忘れ得ない人も多い。このほか、自動車用のさらに劣った燃料の使用も研究されるなど、資源を持たざる国が、知恵を限りの努力のかずかずは、聞くも語るもこれ涙といっても過言ではなかった。

飛行機工場の花

春の夜の窓辺に、灯に映えて萬朶(ばんだ)とにおう桜の花。その花の精のような貴女とも、いよいよお別れです。これからの私たちの行手には、怒濤さかまく大海が待ちかまえていることでしょう。けれども、どんな荒波にあっても乗りこえて下さいね。そして美しい純真な気持をいつまでも忘れないよう……。

貴方に幸多かれと祈りつつ

昭和二十年春浅き宵　　恵美子

伊藤美佐子様

連合軍の沖縄上陸近く、戦争も最後の段階を思わせた昭和二十年三月末、伊藤美佐子（藤沢市鵠沼、料亭東家女将）たち都立桜水女子商業の生徒たちは、四年生の繰り上げ卒業を迎えた。

すでに学徒動員令で前年から学園を去って、それぞれ工場に出ていたが、落ち着いた勉学の望みは絶たれたとはいえ、そこは若い乙女たちのこと、たがいにまわし合ったサイン・アルバムには精いっぱいの感傷と別離の思いを書きつらねた。まさに狂瀾怒濤の中、わが〝日本丸〟は沈没の危機に瀕しているときであった。

伊藤美佐子が最初に行ったのは、荻窪の中島飛行機発動機試作工場だった。ここでは、すでに完成した「誉」の改良、性能向上、代用材料使用の研究などに忙殺されていたが、彼女が与えられた仕事は原価計算だった。来る日も来る日も、伝票の山と取り組んで見積もり計算をやらされたので、BA11「ハ45」、BH11「ハ219」とかBA12など、エンジン記号は三十年たった今でもおぼえているほど彼女らの意識の一部になってしまった。

日本は輸送船舶の不足で、昭和十七年末ごろから南方の戦略物資輸送にこと欠くようになり、敵の潜水艦や飛行機で沈められる船が激増してからは、さらに窮屈になっ

戦争末期、学徒動員令で中島飛行機発動機試作工場に勤務した都立桜水学徒報国隊の女学生たち。前列左が伊藤美佐子。

た。ことにエンジンの製作にとって必要なニッケル、コバルト、銅などの不足がはなはだしく、代用材料の使用がしきりに試みられた。昭和十九年には機体、エンジンとも試作部門は三鷹研究所に移ったが、この傾向はますますひどくなった。

代用材料の場合は赤伝票が使われていたが、その赤伝票が日ごとに多くなるのを見て、美佐子は乙女心にも不安を感じたという。ちょうど十九年末から二十年はじめにかけて四発爆撃機「連山」(海軍)ができたが、日本にもこんなりっぱな飛行機ができたとうれしく思う反面、いったい作る材料があるのだろうか、と小さな胸を痛めた。

根こそぎ動員で、屈強の若者たちは、ほとんど兵隊に行ってしまい、工場には年配者や病弱の人、体に欠陥があって兵隊に行けない人たちが多かった。そんななかで、若い動員の女学生たちの姿は大きな救いであった。

あらゆるものが不足し、配給の切符があっても物が買えない時代ではあったが、限られた中で、彼女たちは精いっぱいのお洒落を試みた。「贅沢は敵だ」とばかり女性の化粧や服装にまで冷たい監視の眼が光っていたが、禁を破って軽くパーマをかけてみたり、薄くお化粧をする女学生もいた。お下げの髪に結ぶリボンに工夫をしたり、目だたないように髪かざりをつけたり、少しでも美しくありたいとねがう彼女たちの努力は、なんでも自由な今日の目からみれば涙ぐましいほどのものであった。

日に一度、先生が見まわりに来てくれたが、あるとき講義があるというので、今日はお勉強ができるのかしらと喜んでいたら、飛行機の説明だとか素人ばなれのした料理の実演でがっくり。もっとも、まともな料理を教わっても、つくる材料など手に入るはずはなかったが。

Ｂ29の空襲がはげしくなると、真っ先にねらわれた中島飛行機の各工場は、つぎつぎに被害を受けはじめた。工場は一般よりもはやく空襲を知らされるので退避もはやかったが、周辺の人たちも中島の工員や職員が避難をはじめると一緒に逃げた。おそろしい爆撃が終わるまで、みんなヒッソリと防空壕の中で息を殺す。壕の中は暗く不安な空気でいっぱいだった。感冒で高熱の幼児が、ながい空襲の間に壕の中で死んだこともあった。

そんな防空壕の中で、女学生たちは、少しでも人びとの空気を和らげようと話し合った。

「みんなでコーラスをやりましょうよ」

彼女は音楽部の仲間たちと歌いはじめた。

真白き富士の気高さを
心の強い　楯として
皇国につくす　女(おみな)らわ

…………

暗い防空壕の中の歌声は、人びとに束の間の明るさをあたえたが、それはまた、彼女たち自身をはげます心の叫びであったのかもしれない。おりから上空では、中島飛行機十万人の従業員の一人として彼女たちが送り出した「誉」エンジンをつけた疾風戦闘機が、B29とはげしい死闘を演じていたのだ。

工場だけでなく、都市の無差別爆撃が本格化すると、家を焼かれる人が急増した。だんだん感覚がおかしくなり、夜の空襲で家を焼かれても、「とうとう、うちもやられちゃったわ」と、まるで当たり前といった顔で翌朝に出勤してくる仲間もあった。それでも、焼け出されるだけならいいほうで、工場に来ている間に家が空襲でやられ、家族全員爆死して一人ぼっちになった友だちもいた。伊藤美佐子の家も裏に爆弾が落ちたが、不発であやうく一家全滅をまぬがれた。

昭和二十年になってからは、艦載機やムスタングがやって来て、機銃掃射をやるようになった。美佐子もP51にはたびたびこわい思いをさせられた。ある朝、家を少しおくれて出たとき、途中で敵機の機銃掃射を受けた。大きな木が一本と、道ばたの汚い溝があるだけで、身をかくすものは何もない。そこで溝の中に友だちと二人でとびこんだ。敵機はパイロットの顔が見えるくらいまで下りて来た。周囲を銃弾がはじけて走り、もうこれでだめかと思ったという。

中央線に乗っていて空襲に遭ったときは、ちょっと感動的な場面があった。電車がとまってドアが開くと、みんなわれ勝ちに電車の下にもぐり込もうとした。おりかさなって下になった方が安全だからだ。このとき、マントを着た陸軍の将校が、機銃掃射の中で立ったまま、「あわてないで下さい。みなさん、大丈夫だから落ち着いて下さい」と叫んでいた。美佐子は高い崖から下にとびおりて待避した。ひとしきり電車攻撃を楽しんだ敵機は、やがて去っていった。

中島飛行機宇都宮工場で疾風の燃料タンクの熔接をやっていた阪本つや子（宇都宮

ロイヤル・ホテル勤務）も、敵機に追いまわされた一人だった。その日は朝から空襲警報が出ていたが、十時ごろ警戒警報にかわった。そこで食堂に行ったら、小型機が突然あらわれて爆弾を落とした。大音響とともにワッと熱い爆風が来たので、急いで眼と耳を押さえて地面に伏せた。

そのうちに、飛行機が工場のほうに行ったというので、近くの松林のほうに逃げた。ところが、防空壕がない。ウロウロしているところを、もどって来た敵機に見つかった。必死に木の根元に伏せたが、まわりに銃弾がはげしくとぶのがよくわかった。苦しむよりは、頭かなにかに当たってひと思いに死んだほうがいい、でもこのまま父や母にも会えずに死んでしまうのか、と思うと恐怖よりも悲しみの涙がでたという。

彼女が女子挺身隊の知らせを受けたのは、昭和二十年五月はじめ、十七歳の春であった。役場からの通知を母から知らされたつや子は、なにか女の兵隊に行くような気持に襲われ、このまま戦争が終わるまでは帰れないのではないか、とひどく淋しい気がした。同じ宇都宮市内なのに、全員宿舎に入れられた。配属は第七工場で、仕事はアルミ熔接だった。一週間ほどで実習を終えるとすぐ現場にまわされて疾風の翼内燃料タンクの熔接をやらされた。右手に熔接機、左手にアルミの熔接棒を持ち、黒眼鏡をかけてのアルミ製燃料タンクの板の継ぎ目やリベットまわりの熔接作業はかなり難しく、女の身にはきつい仕事だった。しかし、これもお国のためと思えば、少しもつらいとは感じなかった。

就業時間は朝八時から夕方五時までで、女子には残業がなかった。しかし、食べたいさかりの彼女たちは、会社の食堂で出される食事の貧弱なのが一番つらかった。田舎のことで、家にいれば豊富に食べられるものをと思うと、若い健康な体にはよけいこたえた。仕事が終わって寮に帰っても、とくに楽しみもなく、話は食べることと家に帰ることばかり。異性を想い、ロマンスを語るにはまだ若すぎた。

一番の楽しみは、月一回家に帰ることで、外出証明書と外泊証明書に工場長、職場の班長、寮長らの判をもらい、わずか二十分しかはなれていないわが家に帰るのだ。母の心づくしの食事は涙がこぼれるほどうれしく、帰りには南京豆、大豆、炒り胡麻だの保存のきく食物を持たせてくれた。寮に帰ると点呼、朝も夜も点呼、まるで軍隊みたいだと思った。

はじめは火花の散るのが怖かった熔接作業も、すっかり自信がつき、男でももてあます重い酸素ボンベをヒョイと動かすこつもおぼえた。五月、六月と一生懸命働いたが、七月十二日、宇都宮市内が空襲でやられてからは、能率ががた落ちになった。この夜、警戒警報で起きたときは、すでに北の窓ごしに真っ赤に燃え上がっている炎が見えた。防空壕にとびこんだら水が一面にたまっている。それでも死ぬよりはましと、頭には蒲団(ふとん)を持ち上げたまま、胸まで水につかりながら一夜を壕の中ですごした。

つや子は、母がとっておきの大島つむぎをほどいてつくってくれたもんぺをはいていた。空襲が終わり、家に帰って着がえようとしたら、着物の袖ももんぺもあちこち焼け焦げていた。そのときは夢中で気づかなかったが、強い火勢で火がついたものらしかった。無事だったのは、防空壕が水びたしだったことが幸いしたのかもしれない。しかし、女の身には、大島の焼けたことがひどく悲しかった。

二羽の折り鶴

戦争は、急速に破局に向かっていた。

四月七日、戦艦「大和」以下、連合艦隊の最後の出撃をふくむ「菊水一号」作戦を皮切りに、陸海軍航空部隊による沖縄攻撃は執拗につづけられたが、六月二十一日の「菊水十号」作戦が最後の大規模な航空攻撃となり、六月二十三日の牛島軍司令官自決で事実上、沖縄の戦いは終わった。

ようやく戦争の前途に見切りをつけた日本政府は、先に中立条約を結んでいたソ連を介して戦争終結をはかろうとした。だが、ソ連はこの年の二月四日におこなわれたヤルタ会談で、米英両国との間に対日参戦の密約を結び、ひそかにその機をうかがっていた。なんとも間の抜けた話だったが、ヒトラーと同様、スターリンにとっても、条約などは破るまでの便宜的手段にすぎなかったのだ。

このころ、B29による空襲は猛威をふるい、無差別攻撃の手はすでに大都市から地方の小都市にまでおよんでいた。スプルーアンスの大艦隊はまったく抵抗を受けることなく悠々と日本沿岸を荒らしまわり、艦載機による攻撃だけでなく、艦砲射撃まで加える始末であった。一方、わが連合艦隊はすでに軍艦はなく、陸海軍航空部隊は最後の決戦にそなえて飛行機を温存する方針から出撃せず、まったくやられっぱなしの有様だった。

八月六日、広島、つづいて九日、長崎に原爆が落とされた。

九日、長崎から百二十キロ離れた大村にいた海軍の紫電改戦闘機隊は、情報のおくれから飛び上がることができなかったが、山口県の小月にいた奥田暢少佐の飛行第四十七戦隊の疾風は、上空から原爆が落とされた状況を目撃していた。パイロットの一人は、「まるで、もう一つの巨大な太陽が地上からあがってくるようだった」と語っている。

この第四十七戦隊は、八月十四日に豊後水道上空でP38と空戦、その五機を撃墜したが、これがわが陸軍戦闘機隊の最後の空戦となった。

村岡英夫少佐の飛行第二十戦隊は、台湾で八月十五日の終戦をむかえた。士気は高く、八月末には戦隊全機で沖縄の飛行場に強行着陸をする準備をしていたほどだったから動揺は大きく、パイロットの中には自決したり、沖縄に突入しようとする者もあった。

村岡は、第十二飛行団の高級部員ということで終戦処理にあたった。中華民国地上軍はだいぶおくれて台湾にやって来た。さらにおくれて来た同国空軍に疾風と隼を渡し、先方の要請で指導教育をやることになった。中国空軍の司令官は、大隊長のころ中国大陸で加藤中佐（戦死後二階級特進で少将）の第六十四戦隊とわたり合った林（りん）大隊長（少将になっていた）で、この人は日本空軍を尊敬し、蔣介石総統の「暴に報いるに徳をもってす」をよく守って実に紳士的であったという。

疾風の操縦は、なれないうちはかなり難しいのだが、米、英、ソ連などいろいろな国の飛行機を経験している中国空軍のパイロットたちは、飛行機ずれ（ヽヽ）していてうまかったという。ひととおり教育を終わったあとも、ひきつづいてやらないかといわれ、独身だし日本に帰ってもあてのなかった村岡は、飛行機に乗れるなら、ということで台湾に残ろうと考え、ほかにもかなりのパイロットが同調した。ところが、旧日本軍はいっさい残ってはならぬ、というマッカーサー司令部からの横槍で中止となり、全員引き上げた。故国に帰ったのは、昭和二十一年四月だった。

フィリピンから帰った溝口雄二少佐の飛行第十一戦隊は、昭和二十年四月ころから埼玉県の高萩で戦隊の再建に着手した。だが極度の燃料不足で、訓練飛行はおろか、朝のエンジン試運転すら思うにまかせない有様だった。そのうち特攻隊が二隊十機配属になったので、燃料を優先的にまわして訓練させた。飛行機もおんぼろだったので、戦隊の新品の飛行機を使わせた。八月十五日、戦隊には約四十機の疾風があったという。

第一錬成飛行隊で特攻隊員だった内藤雄介伍長は、相武台陸軍病院のベッドの上で終戦をむかえた。七月三十日の空襲で負傷し、入院していたのだ。終戦の日までに隊長の内田中尉をのぞき、四人の戦友は、つぎつぎに訓練中に飛行機事故で死んだ。すぐ近くの海軍厚木基地では、海軍のパイロットたちが徹底抗戦を叫び、中津の陸軍

「ト号」部隊（トは特攻の意味で第一錬成飛行隊のこと）にも声がかかった。決死の疾風戦闘機隊二十機は海軍戦闘機隊に呼応して蹶起すべく中津を飛び立ち、埼玉県の児玉飛行場に移ったが、ここで説得され解散した。

日本の航空部隊が去ったフィリピンの飛行場には、多数の飛べない疾風が、さびしく置き去りにされていた。米軍は〝フランク〟と名づけてかねてから目をつけていた疾風を発見し、二機を修復してテストしたのち本国に送った。これらの疾風は終戦の翌年、つまり一九四六年二月一日にペンシルベニア州ミドルタウンの航空廠に到着、再組み立てをした。取り扱い説明書その他がないので戸惑ったが、たいした困難もなく作業は終わった。復元に際しては、かなり多くのアメリカ製の部品が使われたという。

四月二日から五月十日にかけておこなわれた飛行テストでは、すばらしい性能を発揮した。燃料は百四十オクタンのガソリン、オイルもアメリカの良質なもの、点火プラグもといった具合に、これまで「誉」エンジンの高性能をはばんでいたあらゆる条件が取り除かれたのだから当然ともいえる。

三千六百キロの総重量の〝フランク〟（アメリカ軍が疾風につけたコード・ネー

ム）は、六千百メートルの高度で六百八十九キロ／時を出し、六千百メートルまでの上昇時間五分四十八秒、実用上昇限度一万一千八百メートル、航続力一千六百五十〜二千九百二十キロ（三百八十リッター落下タンク二個使用の場合）と、日本の航空本部が中島飛行機に要求した性能のほとんどを満たす数字を示した。しかも操縦性の点でもP51やP47にまさり、彼らをして「第二次大戦中の日本戦闘機のナンバー・ワン」といわしめたという。

この二機のうち一機は、飛行第十一戦隊の使用機であり、払い下げられたのちは、ながい間カリフォルニアのさる博物館に展示されていた。のちに後閑盛正氏（前出）が買い取って、嵐山美術館に保管されていた機体がそれである。

終戦までにおよそ一万基ちかくも生産され、陸軍の四式戦疾風をはじめ、海軍の銀河、紫電、紫電改、彩雲、流星、連山など大戦末期の主力軍用機のほとんどに装着された決戦エンジン「誉」を生み出した中島飛行機の荻窪、武蔵、三鷹などの工場では、放心と混乱のひとときが終戦の放送とともにはじまった。

敗戦の結末が、どんな形で身辺に降りかかってくるのか、誰にもわからなかった。おびただしい仕掛りの機体やエンジンの処置、図面や書類はどうすればよいのか。なまじこんなものがあることを発見されたら、処罰されるかもしれない。そこで、もっとも手っとりばやい紙類の焼却から処分をはじめた。

「誉」に関する計算書類、設計図なども同様な運命をたどることになった。

厖大な図面は三日三晩燃えつづけたが、疎開先の工場の一隅で図面を焼く中川良一技師らの眼には光るものがあった。

同じころ、前橋市郊外の飛行機設計部でも、飯野優技師や川端清之技師らの手で疾風の書類や図面の〝火葬〟がおこなわれていた。

学徒報国隊で三鷹研究所にいた伊藤美佐子は、めずらしく

△戦後、フィリピンで米軍によって復元された飛行第11戦隊の「疾風」▽ロサンゼルス郊外のマロニー博物館に展示された当時の「疾風」。左後方は、復元された海軍の戦闘機「雷電」。

警報の鳴らない八月十五日、いつものように腕に白い腕章、仕立てなおした父のズボンというういでたちで出勤した。

今日はめずらしく空襲がないわ、などと思っているうちに、正午の天皇陛下の放送となった。ああ負けたんだわ、と思ったが、底抜けに明るい夏の空と彼女たちの若さは、敗戦という実感とはどうも結びつかなかった。むしろ、これからは学校にもどれる、という安堵に似た気持が強かった。

放送が終わってから、仲よしのクラスメートたちと話し合った。そこは女の子、話題はまず明日からの服装をどうするかについてだった。

「もう戦争は終わったし空襲もないのだから、ズボンも防空頭巾もいらないんじゃないの。平和になったのよ。あたらしい生活がはじまるのよ」

翌日、示し合わせた美佐子たちは、暑くるしいズボンのかわりにサラリとしたワンピース姿で出勤した。ところが、これが思わぬ事件のもとになった。彼女たち四、五人は、大勢の女子職員たちにかこまれた。

「なんなの。その服装は――。戦争が終わったからといって、すぐそんな格好するなんて不謹慎じゃないの。あなたたちは戦争に負けたのをよろこんでいるの。非国民だわ」

はげしい剣幕でつめよられた美佐子たちは、真っ青になった。いまにもリンチされるのではないか、と思われるような険悪な雰囲気だった。彼女たちの無邪気さと世間知らずがひき起こした思わぬ波紋であったが、戦争――敗戦――占領という急激な変化の過程について行けず、これをどう受けとめたらいいのか、誰もが戸惑っていたのだ。

中島飛行機宇都宮工場にいた女子挺身隊の阪本つや子は、退避した山の中で終戦の放送を聞いた。そこは会社の重役の疎開先の庭で、四、五十人が集まった。ラジオの雑音がひどくてよく聞きとれなかったが、戦争に負けたと知ったとき、悲しくて思わず涙がこぼれた。

全身から力が抜けてしまったようなけだるい思いで寮に帰ったが、「占領軍がやって来たら日本の男はみんな殺され、女は敵の兵隊の言いなりにされるんじゃないの」などと本気で話し合った。現実にはそうしたことも起こらず、戦争が終わってはじめて彼女たちの青春がはじまった。

太田から三鷹研究所に移った機体設計陣は、B29の空襲激化とともに前橋に移り、最後はドイツのメッサーシュミットMe262シュワルベを原型とする双発ジェット襲撃機キ201火龍や中低高度で性能を発揮するよう疾風のエンジンをハ219に換装したキ117の設計をやっていた。キ201は渋谷三郎技師（のち富士重工常務）が主務となり、川端清之技師や近藤芳夫大尉らも加わって設計がほぼ終わり、八月二十日にはモックアップの審査がおこなわれることになっていた。疾風の機体主任だった飯野優技師は、キ117を担当、試作にかかっていた。

八月十五日午前、航空本部主催の試作進捗会議が太田クラブ会議室で開かれ、担当者として飯野も出席した。試作がおくれていたので、進捗状況の説明に入った飯野は、当然、軍からはげしく追及されるものと覚悟した。ところが、いつもとちがって少しも叱られないのでおかしいと思ったが、やがておとずれた正午の放送で、その理由がわかった。

飯野は、前橋市の東郊外の農家に疎開していたので、午後四時ころ家にもどると、設計の中野技師夫妻が、下宿で自決したからすぐ来てほしい、とすこし前に使いがあったことを聞かされた。朝からのいろいろな出来事ですっかり疲労した体をはげましながら、飯野はふたたび家をあとにした。途中とおった前橋市内は、すっかり焼け野原になっていた。

利根川をわたって中野技師の下宿先に着いたのは、夏の日のまだ高い午後五時半ころだった。いそいで二階に上がってみると、首を吊って自殺した夫妻の遺体は、すでに川端、菅沼技師ら四、五人の設計の人たちによって蒲団に並べて横たえられてあった。

中野技師は、早大理工学部電気科出身の海軍技術将校であったが、長身で美男だった彼の軍服姿は、男でもほれぼれするほどだったという。終戦の詔勅を聞いたあと、かねて覚悟の自決であったらしく、はじめに夫人を吊るし、おろして始末をしてから自分も首を吊ったのだった。かけつけた飯野も加え、二人の遺体をかこんで、ひとしきり感動と静寂が、夏の夕方の室内を支配した。

冥福を祈って合掌し終わった飯野は、何気なく押入れをあけてハッと息をのんだ。キチンと整理された押入れの下段には、茶びつがただ一つ、その蓋の上に大小一つがいの白い折り鶴が、そっと置かれてあった。

「疾風」アラカルト

「疾風」の呼び方

「疾風」というのは、陸軍が一般国民に親しみやすいようにとの配慮からつけたニックネームで、部内での正式呼称は四式戦闘機で、機体のコード番号がキ84である。関係者ではもっぱらキ84が使われ、それもキを略して単に84（ハチヨン）と、数字だけで呼んでいた。同様に「隼」は43（ヨンサン）、「鍾馗」は44（ヨンヨン）と呼ばれていた。

「疾風」の生産機数

少ない方では中島飛行機の資料による三千四百八十二機、多い方では軍需省の三千五百七十七機があり、いずれも完成機の数字で生産ライン中の完成まぢかのものはふくまれないから、三千五百機前後と、少し漠然と考えた方が穏当だろう。

「疾風」は「隼」などより機体が大型で複雑となっているにもかかわらず、基準孔方式や極力、部品の標準化をはかるなどして生産性をたかめた結果、機体生産に要する標準工数が、「隼」の二万五千時間、「鍾馗」の二万四千時間に対して一万四千時間と大幅に減少した。だから実際の生産期間はわずか十八ヵ月、しかも戦争後半の状況のわるい時期でありながら「零戦」「隼」に次いで、日本で三番目の生産数を達成することができた。

生産の主力は太田製作所で、昭和十九年五月から新設の宇都宮製作所、昭和二十年五月からは太田原分工場でも生産した。生産のピークは十九年末で、太田製作所だけで月産五百機をこえた。以後はB29の空襲による被害や資材の不足などで生産は落ちたが、順調にゆけば十五分に一機の割で生産する計画だった。なお、宇都宮製作所の生産数は約七百五十機であった。

「疾風」の各型

キ84一型甲

対戦闘機用、武装は胴体に「ホ103」(十二・七ミリ、弾丸三百五十発)二門、主翼に「ホ5」(二十ミリ、弾丸百五十発)二門を装備し、もっとも多くつくられた。

キ84一型乙
対爆撃機用、胴体内の「ホ103」も「ホ5」にかえ、二十ミリ四門とした武装強化型。製造番号三〇〇〇番以降。
キ84一型丙
対B29用に急遽、改造されたもので、胴体は「ホ5」二十ミリ二門、主翼は「ホ155」三十ミリ二門に換装、二機だけ試作して実際にB29に対して邀よう撃テストをおこなったが、効果のほどは不明。
キ84一型改
エンジンを「ハ345」(「ハ45」四四型の仮称)に換装、主翼面積二十二・五平方メートル、プロペラ直径三・五メートルとしたもの。
キ84二型
生産途中から翼端の形状をかえたもので、とくに一型との大きな相違点はない。
なお、これらの量産各型には、それぞれX、Y、W、V装備など、装備の組み合わせによる細部の相違がある。
キ84三型
昭和二十年二月に完成したキ87高々度戦闘機の思わぬ不調から急遽、排気タービン過給器付の「ハ211」または「ハ219」二千四百馬力エンジンを装備する計画だったが、具体化しないうちに終戦。

キ84四型

エンジンを「ハ345」に換装する予定だったが、これも計画のみ。

キ106

キ84の木製化で、立川飛行機および王子製紙苫小牧工場で少数機が完成、テスト飛行をおこなった。

キ113

キ84の鋼製化で、昭和十九年九月に試作指示、試作一号機がほぼ完成直前に終戦。

キ116

キ84のエンジンを出力は劣るが、信頼性の高い「ハ112」二型に換装したもので、満州飛行機ハルピン工場で試作。昭和二十年三月試作指示、転換生産中の満飛製キ84第四号機を転用した試作一号機が七月下旬に完成し、テストをはじめたところで終戦。

キ117

エンジンを「ハ219」二千四百馬力に換装し、敵艦載機やP51に対抗する中高度用高性能戦闘機とする目的で計画されたもので、主翼面積二十二・五平方メートル、プロペラ直径三・五メートルはキ84一型改の機体に似ている。設計完了し、試作にかかったところで終戦。一説にはこれが二型であるともいわれている。

キ84複座練習機

正規に中島で設計されたのではなく、現地部隊の要請で改造されたものと思われる。第一錬成飛行隊の内藤伍長は、中津飛行場に三、四機あって、実際にこれで教育を受けたと語っている。前後タンデムの複操縦方式で、風防の形状は「零戦」の練習機型である海軍の二式戦闘練習機と同様であったという。

「疾風」装備の実戦部隊と作戦区域（「疾風」装備時の）

飛行第一戦隊　フィリピン（比島）、本土
飛行第十一戦隊　比島、本土
飛行第十三戦隊　仏印、マレー、台湾
飛行第二十戦隊　台湾、比島、沖縄
飛行第二十二戦隊　中支、比島、朝鮮
飛行第二十四戦隊　比島、沖縄、台湾
飛行第二十五戦隊　中支、朝鮮

飛行第二十九戦隊　比島、沖縄、台湾
飛行第四十七戦隊　本土
飛行第五十戦隊　ビルマ、仏印、台湾
飛行第五十一戦隊　比島、内地
飛行第五十二戦隊　比島、内地
飛行第七十戦隊　本土
飛行第七十一戦隊　比島、沖縄、内地
飛行第七十二戦隊　同右
飛行第七十三戦隊　同右
飛行第八十五戦隊　中支、台湾、朝鮮
飛行第百一戦隊　本土、沖縄
飛行第百二戦隊　同右
飛行第百三戦隊　同右
飛行第百四戦隊　満州
飛行第百十一戦隊　本土
飛行第百十二戦隊　本土

飛行第二百戦隊　比島
飛行第二百四十六戦隊　本土

あとがき

「疾風」について書こうと思い立ったのは、いま（昭和五十年）から六年前、カナダのボブ・ディーマート（Bob Diemert）氏がバラレ島から持ち帰った「零戦」と「九九艦爆」の復元作業をやるについて、いろいろ問い合わせて来たのに矢もたてもたまらなくなって、かの地に行って以来のことだ。せっかくの機会なので、アメリカのロサンゼルス、デイトン、ワシントン、ウィローグローブなどもまわって、各地の博物館などに保管されている旧日本軍用機を見てまわった。

ロス郊外のエド・マロニー（Ed Maloney）氏のコレクション（プレーンズ・オブ・フェイム）をおとずれたとき、館内に「零戦」と並んで展示してあったのが本文中にもあるフィリピンで鹵獲（ろかく）された飛行第十一戦隊の「疾風」だった。この機体については、以前から彼のコレクションである海軍の戦闘機「雷電」とともに、日本で買い手をさがしてほしいと頼まれていたし、飛行可能な唯一の旧日本軍用機ということで大いに興味があったから、良好な状態で保管されているのを見てうれしく思った。

その後、海軍のパイロットだった後閑盛正氏が買い取り、入間基地の航空ショーでAir Corp社長のドン・ライキンス（Don Lykins）氏の操縦で飛行して大喝采を博したことは、まだ記憶にあたらしい。この「疾風」が自衛隊の木更津基地にあがったとき、筆者も朝日新聞の片桐敏夫氏の依頼で一日だけ整備を手伝いに行った。陸上自衛隊のハンガーで前両翼をピンと張った「疾風」の姿には、三十年の歳月を感じさせない新鮮さがあった。当時、この基地の司令だった村岡英夫陸将補が、かつて「疾風」を装備していた陸軍の飛行第二十戦隊の戦隊長であったことも、何かの因縁であったろう。

入間での飛行のあと「疾風を守る会」というのができ、宇都宮の飛行場で会の主催による「疾風」の公開がおこなわれたときは、茅ヶ崎の自宅から二日間通い、もう一度飛ぶ姿を見ることができた。かなりの強風が吹く寒い日だったが、およそ四千人ほどが「疾風」を見んものと集まった。女子挺身隊としてかつてこの宇都宮工場（中島飛行機）で「疾風」の燃料タンクの熔接をやったことのある宇都宮ロイヤル・ホテルの阪本つや子さんもその一人だった。「疾風」が来たと聞いて、なつかしく、一目見ようとやって来たが、三十年ぶりの〝恋人〟との対面に、思わず涙ぐんでしまったという。

これまでの著作同様、今度もまた多くの方々の御協力をいただき、かつ多忙な中をインタビューさせていただいた。本書を書くにあたり御協力下さった方々の御芳名を次に列記させていただき、感謝の意を表したい。

秋山紋次郎、荒蒔義次、安藤成雄、飯野優、伊藤美佐子、今川一策、加川恒郎、刈谷正意、川端清之、木村昇、小山悌、近藤芳夫、阪本つや子、菅谷耕三、関口英二、田口新、内藤雄介（上天）、中川良一、中村孝、松本俊彦、水谷総太郎、溝口雄二、宮内博子、村岡英夫、吉沢鶴寿、吉田熊男、渡部利久、ロバート・ミケッシュ(Robert C.Mikesh)（五十音順）

なお、取材に関し、富士重工航空機部長保坂高明氏には、一方ならぬ御配慮をいただいたこともとくにつけ加えておきたい。

〈写真提供〉内藤雄介＊安藤成雄＊村岡英夫＊溝口雄二＊中村孝＊エド・マロニー＊ニック・ワンティーズ＊富士重工＊〈参考文献〉小森郁雄編「航空開拓秘話」＊中村孝編「飛行第二十二戦隊史」＊木村昇「木村メモ」＊防衛庁戦史室編「比島捷号陸軍航空作戦」朝雲新聞社＊林茂「日本の歴史・太平洋戦争」中央公論社＊甲飛十期会編「散る桜・残る桜」＊奏郁彦・伊沢保穂「日本陸軍戦闘機隊」酣燈社＊吉田熊男「キ84一改設計資料」＊内田政太郎「日本傑作機物語・二式戦闘機『鍾馗』」酣燈社＊中島飛行機株式会社編「誉発動機取扱説明書」＊中島飛行機株式会社編「キ84構造説明書」＊ピーター・ヤング「第二次世界大戦全作戦図と戦況」白金書房＊アメリカ空軍兵站部情報部「フランク1、キ84に関するレポート」＊荒蒔義次「鍾馗対メッサー模擬空戦始末記」『丸』三一〇号＊四至本広之丞「台湾上空悪夢のような三日間」『丸』二八五号＊川野剛一「還らざる特攻第八飛行師団始末記」『丸』二八五号

文庫版のあとがき

第二次大戦中の日本陸軍の最優秀戦闘機キ84「疾風」について、最初に本を出したのはかれこれ二十年近くも前のことになる。しかし、本が出てしばらくしたら版元の関係で絶版になってしまった。さいわい一年半後に別の出版社からお話があり復活した。

しかし、それから十八年たち、このまま「疾風」の記録を朽ちさせるのは残念な気がしていたら、光人社からNF文庫にというお話があったので、喜んで復活させていただくことにした。「疾風」は、「紫電改」とともに筆者がもの書きとして独立しても っとも辛い時期に手掛けただけに、大変な情熱を傾けて書いたという思いがするが、今読み返してみるといろいろ未熟な個所や細かな誤りなどがあり、今度の文庫化に際しては全体を見直し、誤りを直すと同時に、とくに前半は構成を変えるなどかなり手を入れた。

この本では、エンジンについて、その開発やテスト中の経過をかなりくわしく書いているが、実はエンジンこそは日本の航空技術のアキレス腱であり、極端にいえば、日本は航空エンジンの開発競争でアメリカに負けたともいえよう。その意味で、敗れたとはいえ、恵まれない条件下で知恵を絞り、体力の限りをつくして高性能エンジンの開発に取り組んだエンジン技術者たちの苦労を知って欲しいと思い、とくに一章を設けた。

プロペラについても同じようなことがいえるが、機体の設計水準は何とか世界の水準に追いつきはしたものの、ほかの技術が及ばず、そんな技術レベルのアンバランスが、飛行機をはじめ日本の工業製品のすべてにあった。

そんな反省の上に立って、戦後の日本は材料や部品の品質や性能向上につとめた結果、高いバランスのとれたテクノロジーを持つようになり、今日の繁栄をもたらした。「疾風」の物語は、いわばそのルーツの一部であり、われわれはそうした先人たちの努力を決して忘れてはならないと思う。

なお、文中に登場する方々のカッコ内の現職は、約二十年前に取材した当時のものである。

終わりに、今度の刊行に際し御尽力いただいた牛嶋義勝取締役ほか、光人社出版製作部の皆さんに「有難う」を申し上げたい。

平成八年三月

筆　者

解説　──四式戦闘機「疾風」について

野原　茂

陸軍最初の二千hp級戦闘機

昭和十六（一九四一）年十二月八日、日本が自ら太平洋戦争の戦端を開いたとき、陸軍の主力戦闘機は日中戦争期と同じ古めかしい固定式主脚の九七式戦闘機であり、その後継機として開発された一式戦闘機も、二個戦隊にわずか計五十三機が就役しているのみという誠に〝お寒い〟現状であった。

この時点において、すでに敵国たるアメリカでは海軍のF4Uコルセア、陸軍のP-47サンダーボルトの両二千hp級エンジン搭載戦闘機が就役準備中であった。一式戦を補完する戦力として日本陸軍が期待をかけたキ61（のちの三式戦「飛燕」）でさえも、発動機出力は千百七十五hpであり、彼我の技術的格差は想像以上だった。

危機感を抱いた陸軍航空本部は、開戦から四ヵ月後の昭和十七(一九四二)年四月、九七式、一式、二式戦闘機のメーカーでもある中島飛行機(株)に対し、キ84の試作番号により陸軍最初の二千hp級戦闘機の開発を命じる。搭載する発動機はその中島が海軍の主導で開発し、量産準備を進めていた「BA11」(のちの海軍名称は「誉」、陸軍名称は「ハ四五」)とされた。

同発動機は、零戦、一式戦などが搭載していた海軍名称「栄」、陸軍名称「ハ一一五」空冷星型複列十四気筒(千hp)のシリンダーを流用して複列十八気筒化したもので、当座の離昇出力は千八百hpだが、改良を加えて二千hpにアップできると見込まれていた。

戦時下ならではの短期開発

当局がキ84に対して要求した性能は、最大速度六百八十キロ/時、高度五千メートルまでの上昇時間四分三十秒という、かなり厳しい値だった。当時就役していた二式戦(キ44)が五百九十八キロ/時、実用化を進めていたキ61(のちの三式戦)が五百九十一キロ/時の最大速度だった現実からしても、いかに千八百hp発動機を搭載予定にしているとはいえ、実現するのは容易ではないと思われた。

しかも、今は戦時下でありキ84の原型一号機は、試作発注から一年以内に完成させることという、苛酷ともいえる条件が課せられていたので、中島技術陣には相当なプレッシャーもかかっていた。

こうした背景もあり、キ84の機体設計は一式戦、二式戦の開発を通して培ってきた中島流の単座戦闘機設計法がそのまま踏襲され、外観上はとりたてて新鮮味のない、悪く言うと平凡なスタイルになった。

ただ、発動機出力が大幅にアップすることから、そのパワーを効率よく引き出すための、新しい四翅プロペラが必須とされた。故にそれまで陸、海軍機が定番としてきた、アメリカのハミルトン・スタンダード社製油圧式可変ピッチ機構の国産化品ではなく、フランスはラチエ社製の国産化品である「ペ三二」と称する、電気式可変ピッチ機構を持つ四翅プロペラを登用した点が、唯一目新しかった。

中島技術陣の昼夜を問わぬ奮励努力により、キ84原型一号機は、当局の要求どおり昭和十八年三月に完成。八月には合計百機という異例の製作数が発注されていた、増加試作機の最初の三機が完成して、航空審査部によるテストが本格化した。

要求性能値は下回るものの……

その審査部によるテスト の結果、最大速度は高度六千五百メートルにて六百二十四キロ／時、高度五千メートルまでの上昇時間が六分二十六秒と要求値をかなり下回ることが確認された。その原因はいくつかあったが、ひとつには「ハ四五」が前提にしていた、オクタン価百の良質ガソリンの使用が不如意となり、九十一オクタン価の戦時用規格品でしのがざるを得ず、定格出力を発揮できなかったことが大きい。

さらに、千八百hpのパワー発揮に適した、少なくとも直径三・五メートル以上のプロペラが妥当なのに、わずか三・一メートルの過少値とした設計陣のミスも、性能不振に輪をかけた。

しかし現下の太平洋戦争はアメリカ軍／連合軍の攻勢に押されて守勢一辺到となりつつあり、期待された三式戦も発動機不調などが原因で性能、実績ともに振るわない。陸軍航空としては、要求性能をかなり下回るとはいえ、キ84に取って代われる機体がない以上、本機を採用し大量生産する他に選択肢はなかった。

こうした実情もあり、当局は翌十九年四月、キ84を四式戦闘機の名称で仮制式制定（実質的な制式採用措置）し、中島に対して大量生産の促進を命じる

実戦現場での真実

仮制式制定が決まる約一ヵ月前の十九年三月、陸軍はキ84を装備する最初の実戦部隊として飛行第二二戦隊の編制に着手。試作、増加試作機を使って錬成訓練を行なったのち、同年八月下旬に計四十機で中国大陸に進出、大陸奥地に展開していたアメリカ陸軍第一四航空軍／中華民国空軍機と鉾を交え、初陣を果たした。その後約一ヵ月半の戦闘で、敵機撃墜・破四十機を報じたが、二二戦隊も戦死六名、機材損失約二十機を生じ期待されたほどの戦績とは言い難かった。この二二戦隊における四式戦の評価は、アメリカ陸軍の新鋭P－47、P－51戦闘機に対しても、高速度を維持しながらの一撃離脱戦法に徹すれば、互角に戦えると結論している。

二二戦隊が内地に戻った十九年十月上時点において、四式戦は一、一一、五一、五二、七一、七二、七三、八五戦隊などに配備が進み、来たるべき比島（フィリピン）攻防戦に臨むべく、錬成に務めていた。

そして、十月二十日アメリカ軍のレイテ島上陸を機に始まった攻防戦には、陸、海軍航空兵力の大部が投入され、未曽有の航空戦が展開した。比島を失陥すれば、南方資源地帯と日本本土を往来するルートが遮断され、戦争の遂行が不可能となってしまうので、文字どおりの死活を賭した決戦であった。

四式戦は、この戦いにおける陸軍戦闘機兵力の中核と目され、翌二十年一月、比島での航空戦が日本側の敗北によって終焉するまでに、計八個戦隊が投入された。しかし、圧倒的な兵力を誇るアメリカ陸、海軍航空兵力のまえに各隊とも苦闘に終始。いずれもが壊滅の憂き目にあってしまう。

四式戦は、「ハ四五」発動機の不調、故障頻発による性能、稼働率の低下、さらには「ペ三二」プロペラの不具合に悩まされたうえ、操縦者技倆の低さ、戦術面での失敗などのマイナス要因が重なり、期待された実績を残せなかった。

太平洋戦争最後の島嶼(とうしょ)攻防戦となった沖縄戦では、特攻隊の突入を掩護する任務の他、自らも特攻機として九州から八十一機、台湾から三十六機の計百十七機が出撃、若い命とともに沖縄周辺海上に散っていった。

アメリカ陸軍のB-29、さらに二十年二月以降は同海軍艦上機による本土空襲に際し、各地に展開した四式戦装備部隊が迎撃に出動。四七、五二戦隊などが、ときとしてまとまった撃墜戦果をあげる例もあった。だが空襲を阻止するほどの力にはなり得なかったの。

総括

結果的に敗戦まで量産が続き、総計三千五百機余という、陸軍戦闘機史上一式戦の五千七百五十一機に次ぐ二位の生産数を記録した四式戦は、文字どおり戦争末期の切り札的存在であった。

しかし、設計上はともかく、兵器としてハード、ソフト両面に問題を抱え、百パーセントの実力を発揮できないまま終わってしまった感が強い。これは四式戦に限ったことではなく、当時の日本陸、海軍機に見られた共通の現象であり、とどのつまりが技術力、そして国力の限界だった。

なお、四式戦の愛称「疾風（はやて）」は昭和二十年二月に雑誌の一般公募によって決定された国民向けの名称で、むろん軍内部で公式に用いられたものではない。軍内部では「キ」番号を使うのが普通で、正式表記のキ八十四を〝きのはちじゅうよん〟もしくは〝きのはちよん〟などと呼んだ。

単行本　昭和五十一年二月　白金書房刊

NF文庫

決戦機 疾風 航空技術の戦い 新装解説版

二〇二三年九月二十四日 第一刷発行

著 者 碇 義朗

発行者 赤堀正卓

発行所 株式会社 潮書房光人新社

〒100-8077 東京都千代田区大手町一-七-二

電話/〇三-六二八一-九八九一(代)

印刷・製本 中央精版印刷株式会社

定価はカバーに表示してあります
乱丁・落丁のものはお取りかえ
致します。本文は中性紙を使用

ISBN978-4-7698-3327-7 C0195

http://www.kojinsha.co.jp

NF文庫

刊行のことば

第二次世界大戦の戦火が熄んで五〇年——その間、小社は夥しい数の戦争の記録を渉猟し、発掘し、常に公正なる立場を貫いて書誌とし、大方の絶讃を博して今日に及ぶが、その源は、散華された世代への熱き思い入れであり、同時に、その記録を誌して平和の礎とし、後世に伝えんとするにある。

小社の出版物は、戦記、伝記、文学、エッセイ、写真集、その他、すでに一、〇〇〇点を越え、加えて戦後五〇年になんなんとするを契機として、「光人社NF（ノンフィクション）文庫」を創刊して、読者諸賢の熱烈要望におこたえする次第である。人生のバイブルとして、心弱きときの活性の糧として、散華の世代からの感動の肉声に、あなたもぜひ、耳を傾けて下さい。

＊潮書房光人新社が贈る勇気と感動を伝える人生のバイブル＊

NF文庫

太平洋戦争捕虜第一号　海軍少尉酒巻和男 真珠湾からの帰還

菅原　完

「軍神」になれなかった男。真珠湾攻撃で未帰還となった五隻の特殊潜航艇のうちただ一人生き残り捕虜となった士官の四年間。

新装解説版 **秘めたる空戦**　三式戦「飛燕」の死闘

松本良男
幾瀬勝彬

陸軍の名戦闘機「飛燕」を駆って南方の日米航空消耗戦を生き抜いたパイロットの奮戦。苛烈な空中戦をつづる。解説／野原茂。

新装版 **海軍良識派の研究**

工藤美知尋

日本海軍のリーダーたち。海軍良識派とは⁉「良識派」軍人の系譜をたどり、日本海軍の歴史と誤謬をあきらかにする人物伝。

第二次大戦 偵察機と哨戒機

大内建二

百式司令部偵察機、彩雲、モスキート、カタリナ……第二次世界大戦に登場した各国の偵察機・哨戒機を図面写真とともに紹介。

ノモンハン事件の128日

星　亮一

近代的ソ連戦車部隊に〝肉弾〟をもって対抗せざるを得なかった第一線の兵士たち――四ヵ月にわたる過酷なる戦いを検証する。

新装解説版 **軍艦メカ開発物語**　海軍技術かく戦えり

深田正雄

海軍技術中佐が描く兵器兵装の発達。戦後復興の基盤を成した技術力の源と海軍兵器発展のプロセスを捉える。解説／大内建二。

＊潮書房光人新社が贈る勇気と感動を伝える人生のバイブル＊

ＮＦ文庫

新装版 戦時用語の基礎知識
北村恒信
兵役、赤紙、撃ちてし止まん……時間の風化と経済優先の戦後に置き去りにされた忘れてはいけない〝昭和の一〇〇語〟を集大成。

米軍に暴かれた日本軍機の最高機密
野原　茂
連合軍に接収された日本機は、航空技術情報隊によって、いかに徹底調査されたのか。写真四一〇枚、図面一一〇枚と共に綴る。

小銃 拳銃 機関銃入門 幕末・明治・大正篇
佐山二郎
ゲベール銃、エンフィールド銃、村田銃…積みかさねられた経験によって発展をとげた銃器類。四〇〇点の図版で全体像を探る。

新装解説版 サイパン戦車戦 戦車第九連隊の玉砕
下田四郎
満州の過酷な訓練に耐え、南方に転戦、九七式中戦車を駆って死闘を演じた最強関東軍戦車隊一兵士の証言。解説／藤井非三四。

新装版 軍用鉄道発達物語 「戦う鉄道」史
熊谷　直
鉄道の軍事運用の発展秘史――飛行機、戦車、軍艦とともに「後方支援兵器」として作戦の一翼をになった陸軍鉄道部隊の全容。

海軍陸攻・陸爆・陸偵戦記
小林　昇
陸上攻撃機、陸上爆撃機、陸上偵察機……戦略の進化によって生まれた海軍機と搭乗員、整備員の知られざる戦いの記録を綴る。

＊潮書房光人新社が贈る勇気と感動を伝える人生のバイブル＊

NF文庫

大空のサムライ　正・続

坂井三郎

出撃すること二百余回——みごと己れ自身に勝ち抜いた日本のエース・坂井が描き上げた零戦と空戦に青春を賭けた強者の記録。

紫電改の六機　若き撃墜王と列機の生涯

碇　義朗

本土防空の尖兵となって散った若者たちを描いたベストセラー。新鋭機を駆って戦い抜いた三四三空の六人の空の男たちの物語。

私は魔境に生きた　終戦も知らずニューギニアの山奥で原始生活十年

島田覚夫

熱帯雨林の下、飢餓と悪疫、そして掃討戦を克服して生き残った四人の逞しき男たちのサバイバル生活を克明に描いた体験手記。

証言・ミッドウェー海戦　私は炎の海で戦い生還した！

橋本敏男
田辺彌八ほか

空母四隻喪失という信じられない戦いの渦中で、それぞれの司令官、艦長は、また搭乗員や一水兵はいかに行動し対処したのか。

『雪風ハ沈マズ』　強運駆逐艦 栄光の生涯

豊田　穣

直木賞作家が描く迫真の海戦記！　艦長と乗員が織りなす絶対の信頼と苦難に耐え抜いて勝ち続けた不沈艦の奇蹟の戦いを綴る。

沖縄　日米最後の戦闘

米国陸軍省 編
外間正四郎 訳

悲劇の戦場、90日間の戦いのすべて——米国陸軍省が内外の資料を網羅して築きあげた沖縄戦史の決定版。図版・写真多数収載。